结构预测在物理学中的应用

张　森　张嵩波　著

科学出版社

·北　京·

内 容 简 介

随着计算机科学的飞速发展，计算机模拟手段已在物理学的研究中发挥着重要作用。近年来，作为探索新材料的有效途径，晶体结构预测方法日益受到广泛关注。本书以作者多年的研究成果为基础，结合国内外最新研究进展，梳理和总结了晶体结构预测方法在新型功能材料设计领域及地球物理领域的研究现状和应用。本书主要介绍了晶体结构预测方法及其在超硬材料、超导材料、储能材料、光伏材料、地球物理领域中的应用。

本书可供从事物理学、化学和材料科学第一性原理计算的科研人员、研究生及高年级本科生阅读参考，对于其他研究领域的研究人员也有一定的参考价值。

图书在版编目（CIP）数据

结构预测在物理学中的应用 / 张淼，张嵩波著. —北京：科学出版社，2022.12

ISBN 978-7-03-074294-0

Ⅰ. ①结… Ⅱ. ①张… ②张… Ⅲ. ①晶体结构测定 Ⅳ. ①O723

中国版本图书馆CIP数据核字（2022）第241039号

责任编辑：赵敬伟 / 责任校对：彭珍珍
责任印制：吴兆东 / 封面设计：无极书装

科学出版社 出版
北京东黄城根北街16号
邮政编码：100717
http://www.sciencep.com

北京九州迅驰传媒文化有限公司 印刷

科学出版社发行 各地新华书店经销

*

2022年12月第 一 版 开本：720×1000 B5
2022年12月第一次印刷 印张：11
字数：222 000

定价：98.00元

（如有印装质量问题，我社负责调换）

前　言

2004年我考入吉林大学原子与分子物理研究所，有幸加入马琰铭教授的课题组，攻读凝聚态物理专业硕士学位。自那时起，我开始接触和学习第一性原理计算方法和软件，凝聚态体系的奇异电子结构令人亦幻亦真，从此便觉得自己走进了神圣的科研殿堂。

2007年硕士毕业后回到北华大学任教。2009年，马老师课题组开始了CALYPSO晶体结构预测方法的研发，虽然此时我已离开了课题组，但是却时刻关注着课题组里新方法和软件的发展。经过几年在教学方面的沉淀和积累，为了进一步提高自己的学术水平，2011年，我再次回到了课题组攻读博士学位，踏上了学习CALYPSO晶体结构预测方法之路，也让我愉快地走进了晶体结构预测的世界。

工欲善其事，必先利其器。CALYPSO晶体结构预测方法和软件，不需任何实验信息和经验参数，仅依据材料的化学组分即可开展材料微观原子结构预测，给出体系的微观结构，为后续的物理和化学性质研究提供有力工具。该软件已广泛应用于晶体、表面、界面、团簇和过渡态的创新性设计，目前已被73个国家和地区的3700多位研究人员所使用，在Nature Chem、Nat Commun、PRL等期刊发表了1400余篇SCI学术论文，解决了一系列与凝聚态物质结构密切相关的科学难题，有力地推动了我国物理、化学、材料、信息、地球、生物等学科的发展。

由于亲眼目睹了晶体结构预测时代的飞速发展，所以作者一直有这样一个愿望，希望能有机会向从事物理学的学子们，分享一些关于晶体结构预测方法在物理学中应用的相关经验，也希望大家能感受到晶体结构的预测魅力，设计和发现一大批美轮美奂的奇妙结构，做出更多的原创性科研成果。

本书旨在向从事晶体结构预测的科研工作者提供一个入门简介，也是对本人应用晶体结构预测方法科研工作的一个重要的节点总结。希望通过本书，能让大家能够感受到晶体结构预测方法的强大力量和设计晶体结构的美好体验。

凝聚物理，风采依然；

微观结构，追梦少年；

智能预测，屡掀波澜；

与君共勉，勇往直前。

既然选择了远方，便只顾风雨兼程。由于水平有限，书中难免有不妥之处，恳请各位读者批评指正。

张　森

2022年4月29日

目　录

第1章　晶体结构预测方法

作为自然科学的一门重要基础科学，物理学一直是人类物质文明发展的基础和动力。同时，作为人类追求真理、探索未知世界奥秘的有力工具，物理学又是一种哲学观和方法论。物理学的进展密切联系着工业、农业、军事、航空等领域的发展，与人类社会的进步息息相关。物理学能够深刻地揭示自然规律，构成认识自然、改造自然的巨大力量，为科技的发展提供方法和技能。从蒸汽机车的制造成功到磁悬浮列车的投入运行，从电话的发明到当代互联网络实现的实时通信，从晶体管的发明到高速计算机技术的成熟，我们能够感受到物理学的发展为科学技术进步带来的震撼人心的推动力。

作为物理学最重要的分支之一，凝聚态物理学从微观角度出发，研究由大量粒子（原子、分子、离子、电子）组成的凝聚态的微观结构、粒子间的相互作用、运动规律及其物质性质与应用。经过半个世纪的发展，凝聚态物理学已成为物理学中最重要、最丰富和最活跃的分支学科，在半导体、磁学、超导体等许多当代高新科学技术领域中起关键性作用，为发展新材料、新器件和新工艺提供了科学基础。随着凝聚态物理学研究对象日益多样化和复杂化，实验手段、理论概念与技术不断地向着化学物理、生物、地球物理、天文、地质等领域渗透，从DNA、晶体结构到地球板块驱动力的研究，从量子电子器件的机理到新材料的研制，无一不与凝聚态物理学有关。

众所周知，材料的发展标志着人类文明的进步，现代科学技术的发展更离不开材料。可以说材料是人类物质文明的基础，是人类科技进步的基石。随着科技的发展，人们对材料性能的要求也越来越高，并希望在极端条件下（如高温、高压）从分子、原子尺度来研究和获得性能良好的材料。在这一愿望的驱使下，凝聚态物理学与材料科学实现了相互促进、融合发展。

凝聚态物质内部的原子排布方式——物质结构，是深入理解物质各种物理和化学性质的重要信息，是理论模拟材料性质的基础，它直接决定了材料的物理性质，因此确定材料的晶体结构十分重要。X 射线的发现，为 X 射线学以及材料的一系列 X 射线研究、表征和测试方法开辟了道路；中子的发现为材料物理中探索物质成分、结构的研究，提供了中子活化分析、中子散射技术等研究方法；穆斯堡尔效应的发现，发展了材料的研究方法。这些诺贝尔物理奖项为材料的微观结构表征、测试和研究发展提供了强大的支撑。然而，由于多种因素的影响，通过实验方法解析物质的结构往往不够准确，甚至有些实验无法开展。一是由于技术水平、样品的尺寸及纯度等因素的影响，容易导致测量信号失真。对于含有氢、锂等轻元素的物质，由于轻元素原子衍射信号微弱，不足以确定其原子占位，从而无法全面确定此类物质结构；二是目前技术水平尚无法达到某些极限环境条件（如超高压），在一定程度上限制了实验探索工作。相较于实验，理论模拟无需测试样品，又不受限于实验条件及环境，能够在现有实验技术无法达到的条件下进行物质微观结构深层次的探索。

随着现代计算机技术、数学和物理学的紧密结合，计算物理学应运而生。人们可以利用电子计算机进行数据采集、数据计算和模拟来研究物理现象与物理规律。有些在实验室无法重现的物理过程可以通过编制计算机程序在计算机中运行来模拟。同时，通过计算物理还能对自然界中尚未发现或预言的物理规律进行仿真，也可以使物理学及其他学科中原来无法定量研究的问题的深入定量研究成为现实。高性能并行计算技术在大规模计算任务和模拟技术上的优势，使它不但能够帮助我们对宏观或微观世界进行深入和全面的理解和探索，而且能够有效地帮助我们掌握客观世界的发展规律[1]。物理学家可以利用高性能计算模拟方法准确地模拟材料的晶体结构，更快地发现新材料和微观世界的新规律。

在此背景下，基于第一性原理理论计算方法的迅速发展，为理论结构预测奠定了坚实的基础。理论结构预测方法的发展及应用，在物质结构探索及新型功能材料设计等领域逐渐显现其重要作用，已成为我们探索物质世界的一个重要途径。

1.1 晶体结构预测方法的发展

“能量越低状态越稳定”，即能量最低原理，是自然界中适用于宏观世界和微观世界的一条最基本的原理。根据能量最低原理，结构预测的本质就是在只给定化学组分和外界条件下，在势能面上寻找所有极小值点，确定全局能量最低点，从而得到全局能量最低结构的原子排列方式。由于物质势能面具有高度复杂性，体系势能面上极小值点数目随着体系的原子个数增多成指数增长。如果体系粒子数较多，导致结构数目非常庞大，精确计算给定体系的能量耗时耗力，因此通过全面搜索势能面上所有极小值点来确定全局能量最稳定的结构是不可能的。因此，从理论上确定物质结构成为了物理、化学和材料研究领域的待解难题之一。1988 年，John Maddox 在《自然》期刊上发表评论认为[2]：“只根据化学组分来确定物质的晶体结构是物理学的重要挑战之一”。

受限于计算资源的不足，直至 20 世纪末，结构预测的算法仍然没有明显进步。到了 21 世纪，随着计算机计算能力的大幅提升，多种晶体结构预测方法得到了迅速发展和改进，仅根据化学组分就从理论上确定物质结构的研究取得了长足的进步。通过理论方法设计某些具有特殊用途的功能材料（如超硬材料、光电材料、超导材料和热电材料等），将理论预测方法同实验手段有效地结合起来将会极大的降低实验成本，减少对资源的浪费。因此，发展一套高效的结构预测方法，从理论上根据人们对不同材料性质的要求，有目的地设计材料的结构具有重要意义。

1.1.1　晶体结构预测算法[3-5]

随着结构预测方法迅速发展，科研人员不断将各种算法应用到理论结构预测中，按照是否需要初始结构将结构预测方法分为两类：一类是依赖初始结构的方法，例如，能谷跳跃法[6]、极小值跳跃法[7,8]、模拟退火法[9,10]、巨动力学法[11]等；另一类则不依赖初始结构，例如，随机取样法[12]、粒子群优化算法[13,14]、遗传算法[15-19]等全局搜索算法。

（1）能谷跳跃法

能谷跳跃法于 1997 年由剑桥大学的 Wales 等人发展，是局域极小化方法与蒙特卡罗算法相结合的结构预测方法。基本思想是：①对初始结构做局部极小化处理，得到能量极小值；②随机扰动后产生新的结构，做同样处理后得到新的极小值；③根据蒙特卡罗方法中的 Metropolis 准则来决定是否接受产生的新结构；④不断循环以上过程以探索势能面未知区域。此方法通过引入局域极小化方法把复杂的势能曲面投影成了阶梯形，大大提升了蒙特卡罗算法的势垒跃迁能力。

（2）极小值跳跃法

2004 年，极小值跳跃法是瑞士巴塞尔大学的 Stefan Geodecker 教授提出的新的全局结构预测方法。该方法同样引入了局域极小化方法以得到能量极小值，但其不依赖于体系的热力学性质，而是通过分子动力学模拟和局域优化探索结构势能曲面，进行新结构的演化迭代。该方法通过不断调整温度，对初始结构以动能 $E_{kinetic}$（分子动力学中的温度）进行短暂等温分子动力学模拟从而使结构完成能谷跃迁，进行势能面的探索。同时，通过将当前极小值与寻找过程中的历史轨迹相比较，若新结构的能量与之前结构的能量的差值小于设定的标准 E_{diff}，则接受这个新结构，否则放弃，从而避免重复探索已访问过的势能面。

（3）模拟退火法

该方法模拟冶金学中材料的退火过程，材料中的原子通过加热离开原先位置，通过较慢的退火冷却过程，使原子大概率的落在比原先能量更低的位置上。在结构预测中，该方法通过分子动力学模拟，经由加热越过势垒，再通过缓慢降温最终使体系达到能量最低的稳定态。模拟退火算法具有渐近收敛性，理论上已经证明该算法能够依概率收敛到全局最优解。

（4）巨动力学法

该方法是一种依赖于所定义反应坐标、能够有效重新构建体系势能面并加速采样的方法。它通过在模拟过程中每隔一段时间给体系加入一定的高斯势，使得势能面被逐渐“填平”，从而使体系能够从各个局域极小值内“逃离”出来，能够在较短时间尺度内实现对体系的全局采样，并获得整个势能面的信息。

（5）随机取样法

随机取样法由 Chris J Pickard 等人发展并应用于结构预测领域，其核心思想就是“纯粹的随机”。该方法通过在结构势能曲面上产生一系列随机结构并进行局域优化来寻找能量低的结构。这种方法完全随机、算法简单、代码容易实现。但太过于依赖随机性，较大的体系往往不会选择此算法。

（6）粒子群优化算法

粒子群优化算法是基于群体智能的随机搜索算法。该方法最初用于模拟鸟群的捕食行为，若鸟群在空间中搜索唯一的一块食物，且所有的鸟仅知道自身的位置离食物有多远，则找到食物的最优策略就是整个鸟群都来搜索距食物最近的鸟的周围空间。粒子群优化算法中的每只鸟都代表一个可能解，称为一个“粒子”，待优化问题的所有变量构成解空间或搜索空间，通过粒子间的协同与竞争在搜索空间内寻找最优解。在粒子群优化算法中，粒子具有自我认知能力，通过粒子间的信息共享，使种群具有一定的社会背景，粒子具有一定的学习和协同能力，从而使种群及个体能够向更好的方向发展。粒子群优化算法原理较为简单，需要调节的参数少，对于非线性和多极值等复杂优化问题能够给出较为理想的结果，因此粒子群优化算法被广泛关注与研究。

（7）遗传算法

遗传算法是模仿生物界的进化规律演化而来的基于种群的随机搜索方法，借鉴了生物学中的进化论和遗传学说，引入选择、交叉、变异等算子，在结构预测领域被广泛应用。在结构预测中，将结构看作生物个体，一系列结构构成种群，通过选择操作，模仿生物界优胜劣汰的自然选择机制，以一定概率从种群中选取部分结构，作为父代进行繁衍；交叉操作，模拟染色体重组，将被选择的父代结构进行信息（晶格及原子占位）重组，生成新的结构体；变异操作模拟生物体基因突变，通过对新结构进行剪切、重塑、对称化等操作，使结构进行晶格或原子占位进行微小变动，增加整个体系的多样性。通过将每次得到的最优后代投入下一次遗传，就可以期望于 N 代后得到能量最低的稳定结构。目前，国际多个研究组已经将遗传算法应用到理论结构预测领域，开发了多种结构预测方法[20-22]，并取得了一系列重要成果。

1.1.2　晶体结构预测软件

晶体结构预测方法的发展在国内外已经取得了较大的进展，基于以上算法发展出了多种程序包，不同方法对物质势能面全局探索的策略也不尽相同、各具特色，它们在物质结构的研究中发挥了重要作用，解决了大量科学难题。

国外晶体结构预测软件发展较早。例如，2001 年，Jansen 和 Schön 等人[23,24]采用经验势和模拟退火相结合的能量全局优化算法，利用自主编写的结构预测程序 G42，搜索出材料体系中可能存在的相结构。法国 Mellot-Draznieks 等人[25]利用 Cerius2 和 GULP 软件，交替使用模拟退火和能量最小化方法，开发了用于结构预测的 AASBU（automated assembly of secondary building units）软件包。利用该方法能够预测出无机化合物结构，其中包括各种碳、氯化钠和 AB_2 型化合物。法国国立勒芒大学 Bail[26]开发了预测无机晶体结构的程序 GRINSP（geometrically restrained inorganic structure prediction）。此软件采用蒙特卡罗法，能够准确的预测晶体的结构和性质，为无机化合物的合成提供重要的信息。美国纽约州立大学 David C. Lonie 和 Eva Zurek 基于开源模式开发了 XtalOpt 软件[19]，它采用进化算法（evolutionary algorithm）并结合 DFT 计算程序或经典势的分子模拟程序来预测晶体结构。

USPEX 是用 SIESTA、VASP 和 GULP 做接口来进行计算的量子力学程序，计算时只需要给定材料的化学成分就可以预测各个压力下的晶体结构。USPEX 具有较高的计算效率和可靠性，但预测晶体结构时存在一定的局限性，它能够成功的预测晶体的稳定结构，而在预测亚稳结构时存在一定的困难。

近年来，我国晶体结构预测方法的研究飞速发展。吉林大学的马琰铭教授课题组发展了 CALYPSO 结构设计方法[14,27]，并在此基础上开发了拥有自主知识产权的同名结构预测软件包。在此基础上编制了自主知识产权的结构设计软件，只需要材料的化学组分和外界压强条件，就可以开展材料的（高压）结构设计。目前，利用 CALYPSO 可以开展三维晶体[14]、二维层状材料[28]、二维表面重构[29]和零维纳米团簇[30]的结构设计。目前，CALYPSO 结构设计方法和软件学术研究使用免费，现已经在 73 个国家和地区得到推广和使用，被 3700 余位研究人员使用并开展结构设计研究工作，在 Nature、PRL、PNAS、JACS 等 SCI 刊物发表了 1400 余篇文章。

复旦大学刘智攀教授课题组发展了随机势能面搜索的结构预测方法[31]。该方法通过给定初始结构在势能面上的随机行走，通过势垒的跨越实现势能面的探索，被成功地应用于 SiO_2、$SrTiO_3$ 晶体[32]和硼富勒烯[33]等体系的结构研究。

复旦大学龚新高教授研究组基于多目标差分进化算法，发展了以材料的功能性质为导向的逆向设计方法，并编写了相应的结构预测程序（IM2ODE）[34]，该方法成功预言了新型窄带隙 TiO_2 半导体。

1.2　晶体结构预测方法的应用

随着现代计算机性能飞速提升以及人们对晶体结构预测方法的不断优化，各种晶体结构预测方法迅速改进和发展，在物理、化学、材料和地球科学等领域发挥着重要作用，解决了若干长期无法解决的科学难题。

1.2.1　高压相变的研究

高压会导致材料的物理化学性质发生改变，探索高压下结构相变一直是高压科学研究的焦点。通过晶体结构预测法，从材料的微观结构入手，可以研究压力作用下晶体结构的转变过程，揭示其内部微观结构的演化规律，进而指导实验研究，验证实验结果。

单质锂在高压下的相变极为复杂，从 2002 年实验发现单质锂在 60 万大气压以上存在新的高压相以来，由于理论技术和实验条件的限制，其高压相的结构一直没有得到解决。吉林大学的马琰铭教授课题组通过 CALYPSO 方法对锂的高压半导体相结构进行了系统的探索，预言了 60 万大气压下存在一个晶体学单胞内含有 40 个原子的复杂底心正交 *Aba*2-40 结构[35]，在高压作用下，该结构中锂的价电子受到排斥被局域到晶格间隙中，导致金属锂转变为半导体。该结果报道不久，便先后由英国爱丁堡大学的 Guillaume 等人[36]和 Marqués[37]等人通过实验证实了锂的高压半导体相的确具有 *Aba*2-40 结构。此外，通过 USPEX 晶体结构预测方法发现金属钠在 200 万大气压下转变为“透明”的宽带隙绝缘体，研究成果发表在《自然》上[38]。

Bi_2Te_3 常压下是一种“神奇”的半导体材料，它不仅是性能优良的热电材料，也是最为简单的拓扑绝缘材料，其高压结构相变研究备受关注[39,40]。1972 年，实验发现 Bi_2Te_3 在高压下发生了结构相变，研究证明 Bi_2Te_3 在高压下存在两个新相，但受实验条件限制，两个新相的结构一直无法确定。马琰铭教授课题组通过 CALYPSO 晶体结构预测方法，结合高压同步辐射 X 射线衍射实验，确定了这两个高压相[41]。

1.2.2　新材料的设计

压力可以改变原子间的距离，加强原子与原子之间的轨道交叠，从而改变晶体中原子的相互作用、调节晶格构型，使材料表现出常压下不具有的新奇性质，因此在高压下探索新型功能材料是一种有效的途径，例如，高压是合成超硬材料的重要手段，高压下石墨能够转变成超硬的金刚石；高压可以改变材料的电子与声子之间的相互作用，使传统的材料在高压下变成超导体；高压下材料中电子云的交叠使很多的绝缘体和半导体成为金属；金属钠和锂在高压下会反常规的从金属转变成绝缘体。一般情况，每一百万个大气压约有5个相变，开展高压下的材料科学研究可以极大拓宽人类对材料认知的范围，有目的地设计性能优异的功能材料，为新型功能材料提供重要的研究方法与合成途径，从而推动科学技术的进步。

1. *超硬材料*

通常把维氏硬度大于40 GPa的材料称为超硬材料，被广泛应用于国防、航空航天、机械制造、医疗器具、地质采矿、电子信息等现代化领域。金刚石和立方氮化硼是最具代表性的两种超硬材料，但是金刚石易于与铁发生反应，并且高温下易氧化；而立方氮化硼虽然热稳定性有了明显提高，实验合成条件却较困难。因此，寻找具有较高热稳定性、并兼备金刚石硬度的新型超硬材料一直是凝聚态物理和材料科学领域中备受关注的问题[42-45]。

近些年来，随着实验条件的不断提高，超硬材料的合成获得了很大的成功。但是，合成超硬材料的实验条件往往很苛刻，实验中需要耗费大量的时间、人力和原材料进行猜测性实验，以至于实验合成成本相对较高，获得新型超硬材料的几率相对较低。因此，从理论上设计新型超硬材料是十分必要的。

应用晶体结构预测方法，结合第一性原理计算，选取最有潜力成为超硬材料的硼、碳、氮的化合物为研究对象，开展系统性的新型超硬材料的设计研究，能够预测出许多新奇、现有数据库中不存在的、具有超硬性质的晶体结构。目前人们通过此方法已经设计出许多潜在的高硬度材料[46-49]，为实验上成功合成新型超硬材料提供了一定的指导作用。

2. *超导材料*

新型高温超导体是凝聚态物理领域的前沿研究热点。高压极端条件可以有效调控凝聚态物质的晶体结构和电子结构，成为提升超导体的超导温度（T_c）和制备新型超导体的重要手段[50-52]。美国科学家Ashcroft在2004年提出，富氢化合物一旦在高压下金属化就可能具有较高的超导温度[53]。然而富氢化合物种类繁多，实验科学家无法寻找到合适的富含氢化合物来开展超导实验研究。通过理论结构预测方法，快速、经济地寻找潜在的高温超导体对实验研究具有重要的指导意义。

近年来，高压下富氢化合物成为超导研究领域的热点材料体系，我国科学家在高压下富氢高温超导体的研究中发挥了主导作用。国内学者利用晶体结构预测方法先后预言了共价型 H_3S 富氢超导体[54]和以 LaH_{10}[55,56]为代表的一类氢笼合物结构的离子型富氢超导体[57-59]，相继创造了超导温度的新纪录（LaH_{10} 最高 T_c 值达到 260 K），激发了人们在富氢化合物中寻找室温超导体的希望。

3. 高能量密度材料

为了适应高新技术条件下航天事业的发展，人们对“含能材料”提出了更高的要求，寻求高能量密度材料已成为全世界能源材料科学家和工程师密切关注的焦点。在含能材料家族中，聚合氮（Polymeric nitrogen）因其生成物为清洁无污染的氮，作为一种环境友好型的清洁能源材料可以广泛应用于高能炸药、推进剂以及气体发生剂等，成为含能材料领域研究的热点[60]。

现阶段聚合氮的研究主要是解决两个问题：一是合成所需的温度和压强过高（2000 K，110 GPa）；另一个是聚合氮在常温常压条件下的稳定性。由于聚合氮具有爆炸性，实验探索新型聚合氮具有一定的风险，同时随着计算性能的提高以及第一性原理计算方法的发展，从理论上对物质结构进行预测已经成为可能。人们利用晶体结构预测软件结合第一性原理可以有效地对纯氮以及碱金属叠氮化合物的高压行为，包括高压相的结构特点、性质、相变机制等，进行详细地分析[61-64]，为新型聚合氮的实验探索和合成提供理论依据。

4. 电极材料

随着资源和环境问题的日益突出，电子设备和交通工具的快速发展极大地刺激了人们对更高存储密度、更长循环寿命的可充电二次电池的需求[65-68]。目前，二次电池发展的瓶颈主要在于缺少高性能的电极材料以及对电池内部充放电机理的研究还不够深入。为了寻找元素储量更加丰富、能量密度更高的电池体系，新型金属离子电池（Li、Na、K、Mg、Ca、Al）吸引了越来越多的关注，并且很有希望满足未来电子设备和很多大型储能设备的要求。寻找具有导电性好、结构稳定性强、表面活性高等优点的电极材料成为了越来越多的实验和理论研究工作的重要目标。与传统的实验研究方法相比，晶体结构预测方法结合第一性原理计算方法能够突破传统实验手段设计新型电池材料的局限性，在原子和电子尺度上更好地理解电池反应机理和设计新型高性能电池材料[69]。

1.2.3 行星内部的探索

整个宇宙中的恒星和行星内部都处于高压状态，例如，在地球内部，内地核的压力最高可以达到 360GPa[70]，而许多巨行星内部的压力可以达到数十 TPa[71]。理解处于行星压力下的物质结构是人类研究行星物质科学的基础。但是如此大的压力在实验中很难达到，因此使用晶体结构预测的方法探索行星内部物质结构已成为非常重要的手段。

大气层中 90%以上的氙气都不知所踪，这在科学上被称为“氙气的消失之谜”。氙气隐藏于何处，是否会储存在地核内部一直备受关注。地核的主要成分是铁和镍，如果氙气储存于地核中，就必须与铁或者镍在地核的压强和温度环境下（即 360 GPa 和 6000 K）发生化学反应，形成稳定的化合物。1997 年《科学》期刊发表的理论和实验合作论文否定了氙气和铁发生反应的可能性[72]。研究工作发表后的 17 年间，科学界据此公认氙气不可能储存在地核内部。然而，吉林大学马琰铭课题组利用 CALYPSO 方法对氙和铁/镍在地核环境下的结构进行了系统研究，提出了全新的铁/镍—氙化合物的结构形式，构筑了铁/镍—氙化合物的高温—高压相图，首次给出了氙气和铁/镍在地核环境下发生化学反应的证据，提出了氙气被捕捉在地核内部的可能性[73]。

1.3 CALYPSO 晶体结构预测方法

1.3.1 粒子群优化算法[3]

粒子群优化算法（PSO）是 Kennedy 和 Eberhart 模仿鸟群觅食过程中的迁徙和群聚行为，提出的一种基于群体智能的启发式全局优化算法。它是通过粒子间的相互配合，从而高效地探索搜索空间，进而发现复杂搜索空间中的最优解的一种强大的全局优化算法。它是一种基于种群和进化的迭代算法，种群中个体相互协作（信息交换）与竞争（发现适应度最高的粒子），进而在搜索空间中高效地确定全局最优解。粒子群优化算法是随机产生第一代种群，是演化算法，是个体在搜索空间内追随自身历史最佳位置和整个种群最优粒子进行聚集，实现对候选解进行进化，粒子群优化算法中信息的交换是单向的。粒子群优化算法是群体智能与演化算法相结合的新兴多目标优化算法，兼具群体智能与演化算法的优势。在粒子群优化算法中，把优化问题的每个可能的解看成是搜索空间中的一个粒子，每个粒子通过目标函数计算其适应值，粒子在搜索空间内通过一个速度实现对搜索空间的探索。也就是说粒子的飞行方向和距离都是由一个速度决定的，每个粒子在搜索空间内追随自身历史最佳位置和整个种群最优粒子的位置来调整自己飞行的速度和方向，实现对搜索空间的有效探索。粒子群优化算法具有简单易于实现并且可调参数少等优点，对于非线性和多极值等复杂问题可以给出较为理想的结果。因此，被广泛应用到与优化相关的很多领域，如人工智能、团簇结构预测、神经网络训练等领域。

1.3.2　CALYPSO 方法的工作流程[74]

CALYPSO 晶体结构预测流程如图 1.1 所示：

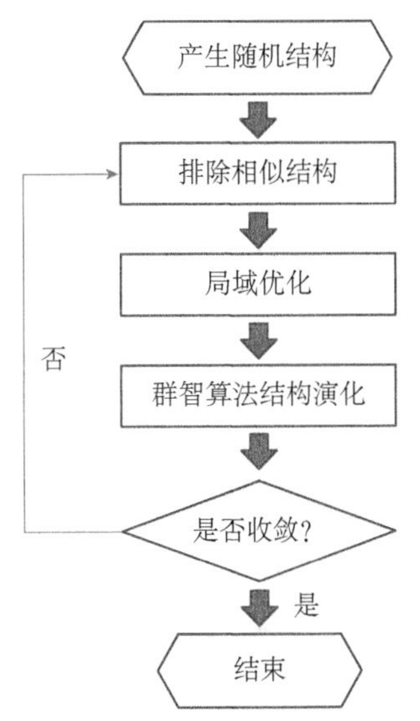

图 1.1　CALYPSO 晶体结构预测流程图
（此图来源于文献[74]）

（1）基于对称性限制条件，随机产生第一代结构；结构产生过程中使用成键特征矩阵排除相似结构，保证在势能面上尽可能多的区域取点；

（2）对上一代产生的所有结构进行局域优化，找到局域极小值点，获取局域极小值点的位置及能量等信息；

（3）对已获得的所有结构能量排序，利用粒子群或对称性人工蜂群等群智优化算法产生下一代结构；

（4）重复第（2）（3）步操作，直到算法收敛或达到算法设置最大迭代步数则停止计算。

1.3.3 CALYPSO 方法的有效性

通过将粒子群优化算法与考虑对称性的结构产生技术、判断相似结构的几何结构因子和提高群体多样性等技术相结合，CALYPSO 方法有效的克服了前期晶体结构预测中难以保持种群多样性的问题。该方法适用于金属键、共价键、离子键等多种成键类型的晶体结构预测[75]。目前，CALYPSO 方法已经成功地应用于材料科学和行星科学，解决了很多实验上难以开展的研究，获得了相关研究领域科研工作者们的认可。

实验发现导电性极好的金属锂在高压下竟然失去了金属性，转变为半导体，这激发了人们对锂的高压半导体相结构的研究热潮。利用自主发展的 CALYPSO 晶体结构预测方法，提出在 60 万大气压下金属锂转变为一个晶体学单胞内包含 40 个原子的复杂底心正交结构（*Aba*2-40 结构），如图 1.2 所示，该结构中由于芯电子的排斥作用，价电子被完全局域到晶格的间隙区域，失去了自由电子特性，金属锂变成了半导体。所提出的半导体 *Aba*2-40 结构随后被实验证实[75]。

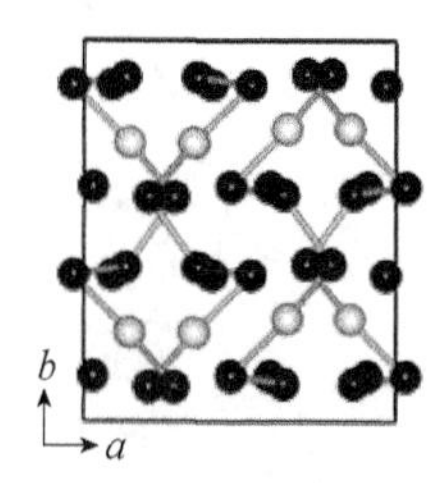

图 1.2　CALYPSO 预测得到的 *Aba*2-40 结构图
（此图来源于文献[75]）

2012 年，马琰铭教授课题组[76]通过 CALYPSO 方法在高压下预测了具有 *Im*-3*m* 结构的 CaH_6，如图 1.3（a）所示。CaH_6 的结构被证明非常稳定，在 150GPa 下的超导转变温度在 220 K 到 235 K 之间，是当时所研究的所有氢化物中超导转变温度最高的。然而经过近 10 年的实验探索，始终没有被实验合成。近日，此课题组[77]以单质 Ca 与 BH_3NH_3 为初始反应物，在 160～190 GPa 和 2000 K 的高温高压条件下成功合成了金属笼型氢化物 CaH_6，并通过 X 射线衍射（XRD）和状态方程（EOS）证实了理论预测的晶体结构，并在 172 GPa 下观测到 215 K 的超导转变温度，如图 1.3（b）所示。CaH_6 是迄今为止合成的首个非稀土（RE）和锕系（AC）元素金属笼型氢化物。相关研究成果于 2022 年 4 月 20 日在线发表于 Physical Review Letters 杂志上，被遴选为编辑推荐，Physics 专栏以 *Elusive Superconducting Superhydride Synthesized* 为题进行亮点报道。

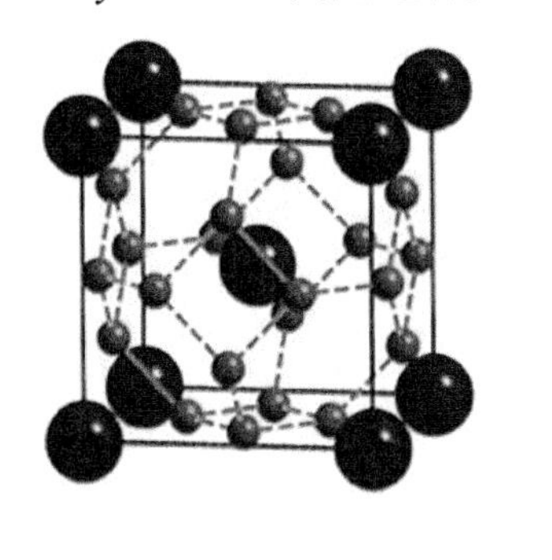

(a)

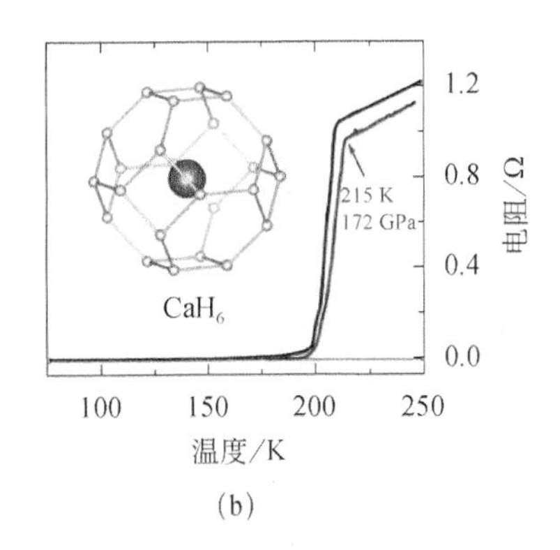

(b)

图 1.3　（a）CALYPSO 预测得到 *Im*-3*m* 的结构图（此图来源于文献[76]），（b）CaH_6 超导转变温度在 172 GPa 为 215 K（此图来源于文献[77]）

参 考 文 献

[1]Nakamura S. Applied numerical methods with software[M]. Prentice Hall，1991.

[2]Maddox J. Crystals from first principles[J]. Nature，1988，335（6187）：201.

[3]王彦超. CALYPSO 晶体结构预测方法与应用[D]. 吉林：吉林大学，2013.

[4]崔岩. CALYPSO 晶体结构预测方法的探索与改进[D]. 吉林：吉林大学，2014.

[5]吴福伦，吴顺情，朱梓忠. 晶体结构预测的新方法和典型应用[J]. 中国科学，2021，51（3）：030006-1-9.

[6]Wales D J，Doye J P K. Global optimization by basin-hopping and the lowest energy structures of Lennard-Jones clusters containing up to 110 atoms[J].The Journal of Physical Chemistry A，1997，101：5111-5116.

[7]Goedecker S. Minima hopping：An efficient search method for the global minimum of the potential energy surface of complex molecular systems[J]. The Journal of Chemical Physics，2004，120：

9911.

[8]Amsler M，Goedecker S. Crystal structure prediction using the minima hopping method[J]. The Journal of Chemical Physics，2010 133：224104.

[9]Černý V. Thermodynamical approach to the traveling salesman problem：An efficient simulation algorithm[J]. Journal of Optimization Theory and Applications，1985，45（1）：41-51.

[10]Brooks S P，Morgan B J T. Optimization using simulated annealing[J]. The Statistician，1995，44（2）：241-257.

[11]Laio A，Parrinello M. Escaping free-energy minima[J]. Proceedings of the National Academy of Sciences，2002，99（20）：12562-6.

[12]Pickard C J，Needs R. Ab initio random structure searching[J]. Journal of Physics：Condensed Matter，2011，23（5）：053201.

[13]Call S T，Zubarev D Y，Boldyrev A I. Global minimum structure searches via particle swarm optimization[J]. Journal of Computational Chemistry，2007，28（7）：1177-1186.

[14]Wang Y C，Lv J，Zhu L，et al. Crystal structure prediction via particle-swarm optimization[J]. Physical Review B，2010，82（9）：094116.

[15]Deaven D M，Ho K M. Molecular geometry optimization with a genetic algorithm[J]. Physical Review Letters，1995，75：288-291.

[16]Woodley S M，Battle P D，Gale J D，et al. The prediction of inorganic crystal structures using a genetic algorithm and energy minimisation[J]. Physical Chemistry Chemical Physics，1999，1（10）：2535-2542.

[17]Abraham N L，Probert M I J. A periodic genetic algorithm with real-spacerepresentation for crystal structure and polymorph prediction[J]. Physical Review B，2006，73（22）：224104.

[18]Trimarchi G，Zunger A. Global space-group optimization problem：Finding the stablest crystal structure without constraints[J]. Physical Review B，2007，75（10）：104113.

[19]Lonie D C，Zurek E. XtalOpt：An open-source evolutionary algorithm for crystal structure prediction[J]. Computer Physics Communications，2011，182（2）：372-387.

[20]Oganov A R，Glass C W. Crystal structure prediction using ab initio evolutionary techniques：Principles and applications[J]. The Journal of Chemical Physics，2006，124（24）：244704.

[21]Glass C W，Oganov A R，Hansen N. USPEX—evolutionary crystal structure prediction[J]. Computer Physics Communications，2006，175（11）：713-720.

[22] Wu S Q，Ji M，Wang C Z，et al. An adaptive genetic algorithm for crystal structure prediction[J]. Journal of Physics：Condensed Matter，2013，26：035402.

[23] Schön J C，Jansen M. Determination，prediction，andunderstanding of structures，using the energy landscapes of chemicalsystems-Part I[J]. Zeitschrift für Kristallographie-Crystalline Materials，2001，216（6）：307-325.

[24] Schön J C，Jansen M. Determination，prediction，andunderstanding of structures，using the energy landscapes of chemicalsystems-Part II[J]. Zeitschrift für Kristallographie-Crystalline Materials. 2001，216（7）：361-383.

[25] Mellot-Draznieks C，Girard S，Férey G，et al. Computational design and prediction of interesting not-yet-synthesized structures of inorganic materials by using building unit concepts[J]. Chemistry-A European Journal，2002，8（18）：4102-4113.

[26] Le Bail A. Inorganic structure prediction with GRINSP[J]. Journal of Applied Crystallography，2005，38（2）：389-395.

[27] Wang Y C，Lv J，Zhu L，et al. CALYPSO：A method for crystal structure prediction[J]. Computer Physics Communications，2012，183（10）：2063-2070.

[28] Wang Y C，Miao M S，Lv J，et al. An effective structure prediction method for layered materials based on 2D particle swarm optimization algorithm[J]. The Journal of Chemical Physics，2012，137（22）：224108.

[29] Lu S H，Wang Y C，Liu H Y，et al. Self-assembled ultrathin nanotubes on diamond（100）surface[J]. Nature Communications，2014，5（1）：1-6.

[30] Lv J，Wang Y C，Zhu L，et al. Particle-swarm structure prediction on clusters[J]. The Journal of Chemical Physics，2012，137（8）：084104.

[31] Shang C，Liu Z P. Stochastic surface walking method for structure prediction and pathway searching[J]. Journal of Chemical Theory and Computation，2013，9（3）：1838-1845.

[32] Shang C，Zhang X J，Liu Z P. Stochastic surface walking method for crystal structure and phase transition pathway prediction[J]. Physical Chemistry Chemical Physics，2014，16（33）：17845-17856.

[33] Zhai H J，Zhao Y F，Li W L，et al. Observation of an all-boron fullerene[J]. Nature Chemistry，2014，6（8）：727-731.

[34] Zhang Y Y，Gao W，Chen S，et al. Inverse design of materials by multi-objective differential

evolution[J]. Computational Materials Science，2015，98：51-55.

[35]Lv J，Wang Y C，Zhu L，et al. Predicted novel high-pressure phases of lithium[J]. Physical Review Letters，2011，106（1）：015503.

[36]Guillaume C L，Gregoryanz E，Degtyareva O，et al. Cold melting and solid structures of dense lithium[J]. Nature Physics，2011，7（3）：211-214.

[37]Marqués M，McMahon M I，Gregoryanz E，et al. Crystal structures of dense lithium：A metal-semiconductor-metal transition[J]. Physical Review Letters，2011，106（9）：095502.

[38]Ma Y M，Eremets M，Oganov A R，et al. Transparent dense sodium[J]. Nature，2009，458（7235）：182-185.

[39]Chen Y L，Analytis J G，Chu J H，et al. Experimental realization of a three-dimensional topological insulator，Bi_2Te_3[J]. Science，2009，325（5937）：178-181.

[40]Zhang H，Liu C X，Qi X L，et al. Topological insulators in Bi_2Se_3，Bi_2Te_3 and Sb_2Te_3 with a single Dirac cone on the surface[J]. Nature Physics，2009，5（6）：438-442.

[41]Zhu L，Wang H，Wang Y C，et al. Substitutional alloy of Bi and Te at high pressure[J]. Physical Review Letters，2011，106（14）：145501.

[42]Li Q，Ma Y M，Oganov A R，et al. Superhard monoclinic polymorph of carbon[J]. Physical Review Letters，2009，102（17）：175506.

[43]Wang Y J，Panzik J E，Kiefer B，et al. Crystal structure of graphite under room-temperature compression and decompression[J]. Scientific Reports，2012，2（1）：1-7.

[44]Zhao Z S，Xu B，Zhou X F，et al. Novel superhard carbon：C-centered orthorhombic C_8[J]. Physical Review Letters，2011，107：215502.

[45]Zhang M，Liu H Y，Du Y H，et al. Orthorhombic C_{32}：A novel superhard sp^3 carbon allotrope[J]. Phys Chem Chem Phys，2013，15：14120-14125.

[46]Zhang M G，Wei Q，Yan H Y，et al. A novel superhard tetragonal carbon mononitride[J]. The Journal of Physical Chemistry C，2014，118（6）：3202-3208.

[47]Zhang M，Liu H Y，Li Q，et al. Superhard BC_3 in cubic diamond structure[J]. Physical Review Letters，2015，115：015502.

[48]Liu H Y，Li Q，Zhu L，et al. Superhard and superconductive polymorphs of diamond-like BC_3[J]. Physics Letters A，2011，375：771-774.

[49]Liu H Y，Li Q，Zhu L，et al. Superhard polymorphs of diamond-like BC_7[J]. Solid State

Communications，2011，151：716-719.

[50]Zhang L J，Wang Y C，Lv J，et al. Materials discovery at high pressures[J]. Nature Reviews Materials，2017，2（4）：1-16.

[51]Mao H K，Chen X J，Ding Y，et al. Solids，liquids，and gases under high pressure[J]. Reviews of Modern Physics，2018，90（1）：015007.

[52]Lv J，Sun Y，Liu H Y，et al. Theory-orientated discovery of high-temperature superconductors in superhydrides stabilized under high pressure[J]. Matter and Radiation at Extremes，2020，5(6)：068101.

[53]Ashcroft N W. Hydrogen dominant metallic alloys：high temperature superconductors？[J]. Physical Review Letters，2004，92（18）：187002.

[54]Duan D F，Liu Y X，Tian F B，et al. Pressure-induced metallization of dense $(H_2S)_2H_2$ with high-T_c superconductivity[J]. Scientific Reports，2014，4（1）：1-6.

[55]Peng F，Sun Y，Pickard C J，et al. Hydrogen clathrate structures in rare earth hydrides at high pressures：Possible route to room-temperature superconductivity[J]. Physical Review Letters，2017，119（10）：107001.

[56]Liu H Y，Naumov I I，Hoffmann R，et al. Potential high-T_c superconducting lanthanum and yttrium hydrides at high pressure[J]. Proceedings of the National Academy of Sciences，2017，114（27）：6990-6995.

[57]Troyan I A，Semenok D V，Kvashnin A G，et al. Anomalous high-temperature superconductivity in YH_6[J]. Advanced Materials，2021，33（15）：2006832.

[58]Kong P P，Minkov V S，Kuzovnikov M A，et al. Superconductivity up to 243 K in the yttrium-hydrogen system under high pressure[J]. Nature Communications，2021，12（1）：1-9.

[59]Semenok D V，Kvashnin A G，Ivanova A G，et al. Superconductivity at 161 K in thorium hydride ThH_{10}：Synthesis and properties[J]. Materials Today，2020，33：36-44.

[60]王晓丽，李建福，陈丽. 基于 CALYPSO 方法的新型高能量密度材料设计[J]. 科学通报，2015，60（27）：2608-2615.

[61]Wang X L，Wang Y C，Miao M S，et al. Cagelike diamondoid nitrogen at high pressures[J]. Physical Review Letters，2012，109（17）：175502.

[62]Zhang M G，Yan H Y，Wei Q，et al. Novel high-pressure phase with pseudo-benzene “N_6” molecule of LiN_3[J]. EPL（Europhysics Letters），2013，101：26004.

[63]Zhang M G，Yin K T，Zhang X X，et al. Structural and electronic properties of sodium azide at high pressure：A first principles study[J]. Solid State Communications，2013，161：13-18.

[64]Zhang J，Zeng Z，Lin H Q，et al. Pressure-induced planar N_6 rings in potassium azide[J]. Scientific Reports，2014，4：4358-4363.

[65]Tarascon J M，Armand M. Issues and challenges facing rechargeable lithium batteries[J]. Nature，2001，414（6861）：359-367.

[66]Whittingham M S. Lithium batteries and cathode materials[J]. Chemical Reviews，2004，104（10）：4271-4302.

[67]Takahashi M，Tobishima S I，Takei K，et al. Reaction behavior of $LiFePO_4$ as a cathode material for rechargeable lithium batteries[J]. Solid State Ionics，2002，148（3-4）：283-289.

[68]Franger S，Le Cras F，Bourbon C，et al. Comparison between different $LiFePO_4$ synthesis routes and their influence on its physico-chemical properties[J]. Journal of Power Sources，2003，119：252-257.

[69]Wu P，Wu S Q，Lv X，et al. Fe-Si networks in Na_2FeSiO_4 cathode materials[J]. Physical Chemistry Chemical Physics，2016，18（34）：23916-23922.

[70]Duffy T S. Mineralogy at the extremes[J]. Nature，2008，451（7176）：269-270.

[71]Guillot T. Interiors of giant planets inside and outside the solar system[J]. Science，1999，286（5437）：72-77.

[72]Caldwell W A，Nguyen J H，Pfrommer B G，et al. Structure，bonding，and geochemistry of xenon at high pressures[J]. Science，1997，277（5328）：930-933.

[73]Zhu L，Liu H Y，Pickard C J，et al. Reactions of xenon with iron and nickel are predicted in the Earth's inner core[J]. Nature Chemistry，2014，6（7）：644-648.

[74]邵森. 高压下冰及含水矿物结构的第一性原理研究[D]. 吉林：吉林大学，2021.

[75]吕健. CALYPSO 晶体和团簇结构预测方法及应用[D]. 吉林：吉林大学，2013.

[76]Wang H，John S T，Tanaka K，et al. Superconductive sodalite-like clathrate calcium hydride at high pressures[J]. Proceedings of the National Academy of Sciences，2012，109（17）：6463-6466.

[77]Ma L，Wang K，Xie Y，et al. High-temperature superconducting phase in clathrate calcium Hydride CaH_6 up to 215 K at a pressure of 172 GPa[J]. Physical Review Letters，2022，128（16）：167001.

第 2 章 在超硬材料设计中的应用

我们通常把维氏硬度大于 40 GPa 的材料称为超硬材料。超硬材料在材料领域一直占据着不可替代的地位，它被广泛应用于国防、航空航天、机械制造、医疗器具、地质采矿、电子信息等现代化领域。众所周知，金刚石和立方氮化硼是最具代表性的两种超硬材料，但是金刚石高温下易于与铁发生反应，并且易氧化；而立方氮化硼虽然热稳定性有了明显提高，实验合成条件却较困难。因此，寻找具有较高热稳定性、并兼备金刚石硬度的新型超硬材料一直是凝聚态物理和材料科学领域中备受关注的问题。

近些年来，随着实验条件的不断提高，超硬材料的合成获得了很大的成功。但是，合成超硬材料的实验条件往往还是很苛刻，实验中需要耗费大量的时间、人力和原材料进行盲试，导致实验制备成本相对较高。同时，通过这种盲试获得新型超硬材料的几率相对较低。更重要的是：有些时候，实验上所合成出的超硬材料的化学配比和晶体结构在一定的时期内会存在较大的争议，例如 WB_4[1]、c-BC_5[2]、c-BC_3[3]等。因此，从理论上设计新型超硬材料是十分必要的。

近些年，晶体结构预测方法的不断发展和硬度理论模型的提出让人们从理论上设计新型超硬材料成为可能。结构替代法是理论设计超硬材料的一个比较常用的方法，即用其他元素替代已知晶体结构中的元素以形成新的化合物。此方法虽然具有一定的可行性，但是却有一个致命的缺点：该方法完全依赖于晶体结构数据库中现有的结构，而对于不在数据库中的结构就无能为力了。与结构替代法相比，晶体结构预测方法能够预测出许多新奇、复杂、人们无法想象出的晶体结构，目前人们通过此方法已经设计出许多潜在的高硬度材料[4-6]。

最有潜力成为超硬材料的单质或化合物分为两大类：①轻元素硼（B）、碳（C）、氮（N）、氧（O）的单质及其化合物，这些轻元素通常能形成很强共价键，例如 M 碳[4]、oC_{32} 碳[5]、BC_3[3,6-8]、BC_5[2,9-11]、BC_2N[12-14]、B_6O[15]等；②过渡金属（如 W、

Re、Ru、Os、Rh、Ir 等）与轻元素（B、C、N、O）所形成的化合物，例如 WB_4[1,16]，OsB_2[17]，ReB_2[18]等。

应用晶体结构预测方法，结合第一性原理计算，选取最有潜力成为超硬材料的硼、碳、氮的化合物为研究对象，开展系统性的新型超硬材料的设计研究，为实验上成功合成新型超硬材料提供了一定的指导作用。

2.1 轻元素及其化合物的理论设计

轻元素硼（B）、碳（C）、氮（N）、氧（O）易于形成键长短、键密度大、原子排列致密的共价单质或化合物，所以，轻元素 B-C-N-O 仍然是设计新型超硬材料的首选。自从人们成功合成出金刚石和 c-BN 后，就掀起了寻找新型轻元素超硬材料的热潮。人们在设计轻元素超硬材料时大体有以下两个思路：一是寻找介于具有高强度的金刚石和抗高温氧化性的 c-BN 之间的材料，例如三元的立方 BC_2N；二是寻找新型的 B、C、N 等单质结构及其化合物。近几年，理论上提出了一系列冷压石墨碳的结构[4,5,19-22]，研究发现这些结构大都具有较高的理论硬度值，这说明如果实验能够合成这些结构，它们都有成为超硬材料的潜质。此外，目前人们还通过高温高压手段成功合成了具有类金刚石结构的超硬材料 BC_5[2]和具有金刚石结构的 BC_3[3]。实验测得 BC_5 的维氏硬度为 71 GPa，热稳定性能够达到 1900 K，克服了金刚石材料热稳定性低的缺陷，同时又保留了高硬度这一良好的力学属性；通过理论研究，具有金刚石结构 BC_3 的理论硬度值达到了 60 GPa 以上，并且它还具有很好的延展性，这些研究成果都为人们探索新型轻元素超硬材料起到了重要的指导作用。

2.1.1 碳的同素异形体

碳是一种常见的元素，也是构成生命有机体的主要元素。它的存在形式多种多样，不但能以晶体形式存在，还能以活性炭、炭黑、煤炭和碳纤维等非晶形式存在。碳的晶体结构较多，除了我们所熟知的石墨和金刚石以外，还有六角金刚石、无定形碳、纳米管、富勒烯等。碳的各种同素异形体由于结构的不同，彼此间的电子和力学等物理性质迥然不同。因此，发现新型碳的同素异形体一直是碳材料研究领域的关键课题。

到目前为止，理论上已经提出很多种碳的同素异形体[4,19-23,24-37]，例如 M 碳[4]、W 碳[19]、X 碳[24]、R 碳[25]、H 碳[26]、O 碳[28]、oC16-I 碳[29]、bct-C_4 碳[20]、Y 碳[24]、C 碳[21]、S 碳[26]、J 碳[27]、F 碳[30]、T12 碳[31]、Cco-C_8 碳[22]（oC16-II 碳[29]、Z 碳[32]）、和 Z_4-A_3B_1 碳[33]、P 碳[25]等[21,34-37]。在这些结构中，M 碳最先以冷压石墨结构的方式提出来，并且通过 M 碳与石墨的共存形式解释了实验上所观察到的 X 射线衍射谱、X 射线近边吸收谱和电阻的变化现象[4]。尽管目前已经提出了这些碳的同素异形体，然而寻找新型稳定的或亚稳的碳仍然是凝聚态物理领域人们所关注的热点问题。

1. M 碳

2009 年，吉林大学马琰铭教授团队应用 USPEX[38]晶体结构预测方法在 10、15、30 和 100 GPa 压力点下分别对 2、4、6 和 8 倍胞的碳原子进行了结构预测，除了搜索出已知的金刚石和六角金刚石结构，还发现了一种新型的具有单斜晶系结构的碳的同素异形体，并将其命名为 M 碳[4]。

M 碳的空间群为 $C2/m$，在常压下，其晶格常数为 a=9.089 Å，b=2.496 Å，c=4.104 Å，β=96.96°。四个不等价的 C 原子分别占据 4i（0.4428，0.5，0.1206），（0.4419，0，0.3467），（0.2858，0.5，0.9406）和（0.2715，0，0.4149）位置，其结构如图 2.1 所示。M 碳兼备石墨和金刚石二者的特征，每个碳原子的成键都是 sp^3 杂化，可以由金刚石的（111）表面的重构获得。从 M 碳的晶体结构图可以看到，它包含与石墨类似的六圆环状的结构，M 碳可以被看作是由石墨层滑移和皱折而成，但是又存在着类似金刚石的成键方式。

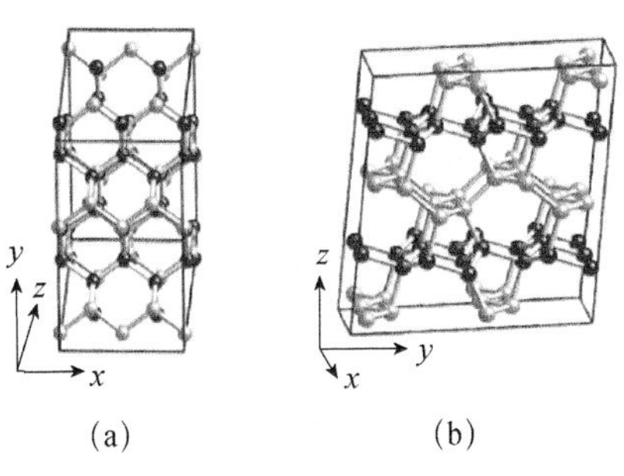

图 2.1　M 碳的晶体结构
（此图来源于文献[4]）

研究发现，当压力超过 13.4 GPa 时，M 碳的焓值低于石墨，并且比之前提出的（3，0）/（4，0）在能量上更低，这说明 M 碳比这些结构更为稳定，在一定的条件下更易于实验合成。M 碳在常压下是带隙宽度为 3.6 eV 的间接带隙半导体，其体弹模量为 431.2 GPa，略低于金刚石（468.5 GPa）[4]高于 c-BN（401.2 GPa）[4]，说明它是一种抗压缩的材料。通过 Šimůnek 等人提出的硬度模型[39]，模拟出 M 碳的理论硬度值为 83 GPa，接近于金刚石（60～120 GPa）[40]，说明 M 碳是一种潜在的超硬材料。

2. W 碳

2011 年，一种新型的具有单斜晶系结构的碳的同素异形体被提出，命名为 W 碳[19]，其晶体结构如图 2.2 所示。W 碳的空间群为 *Pnma*，常压下的晶格常数为 a=8.979 Å，b=2.496 Å 和 c=4.113 Å。C 原子占据四个不等价位置 4c（0.1952，0.75，0.0755），（0.1895，0.25，0.3010），（0.5207，0.25，0.0914）和（0.4633，0.25，0.4316）。从晶体结构图中可以看出，W 碳是由 5+7 的碳环构成，并且形成了扭曲的层。

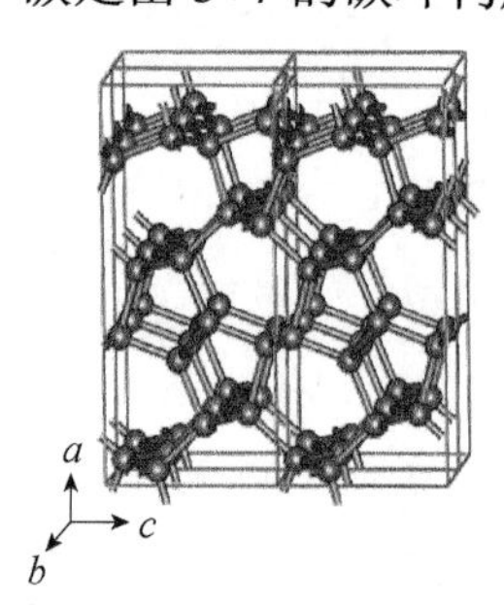

图 2.2　W 碳的晶体结构
（此图来源于文献[19]）

当压力超过 12.3 GPa 时，W 碳的焓值低于石墨[19]，并且 W 碳比之前提出的 bct-C_4[20]和 M[4]碳的能量上更低，说明 W 碳比这些结构更为稳定，在一定的条件下更易于实验合成。W 碳是一个间接带隙的绝缘体，价带顶位于 Γ 点，导带底位于 T 点，带隙宽度在 4.39～4.52 eV 范围[19]，大于 bct-C_4（2.56 eV）[20]和 M 碳（3.60 eV）[4]。此研究为超硬相碳的同素异形体的实验合成和寻找新型轻元素超硬材料提供了理论基础。

3. R 碳

2012 年，一种空间群为 *Pbam* 的碳的超硬同素异构体被提出来[25]，命名为 R 碳。

从拓扑结构上来看：R 碳是由 5+7 环组成，C 原子仍然形成 sp^3 杂化键，以 Z 型和扶手椅型两种基本碳链的形式组成，如图 2.3 所示。常压下，R 碳的晶格常数为 a=7.7886 Å，b=4.752171 Å 和 c=2.4958 Å，C 原子占据四个不等价位置 4g(0.6731，0.9630，0.0)，4g（0.8435，0.8087，0.0）和 4h（0.9546，0.8613，0.5），(0.5704，0.8926，0.5)。

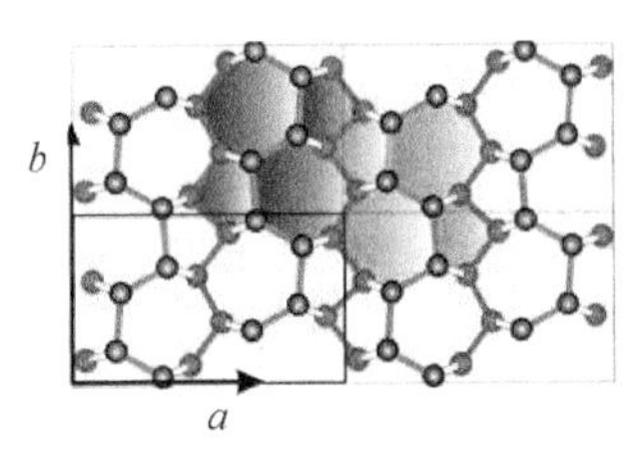

图 2.3　R 碳的晶体结构（扫描封底二维码可见彩图）
（此图来源于文献[25]）

研究发现：当压力超过 11.5 GPa 时，R 碳的焓值低于石墨，并且 R 碳比之前提出的 bct-C_4 碳的能量更低。从声子谱可以看到，常压下在整个布里渊区内没有出现虚频现象，说明 R 碳动力学性质稳定。能带结构结果显示 R 碳是一个宽带隙的绝缘体，价带顶和导带底都位于 Γ 点，带隙宽度为 5.51 eV。常压下 R 碳的体弹模量为 434.2 GPa，与金刚石的体弹模量 443 GPa[41]相近，硬度值为 75 GPa[25]，这说明它是一种超硬材料。

4. O 碳

一种具有正交对称、空间群为 *Pbam* 的碳的同素异形体于 2011 年被提出，被命名为 O 碳[28]，其晶体结构如图 2.4 所示。在常压下，O 碳的晶格常数为 a=4.755 Å，b=7.786 Å 和 c=2.494 Å，C 原子占据四个不等价位置 4h（0.1072，0.0706，0.5），（0.3614，0.9546，0.5）和 4g（0.9632，0.8267，0.0），（0.3090，0.8436，0.0）。当压力超过 11.15 GPa 时[28]，O 碳的焓值低于石墨。O 碳是一个宽带隙的绝缘体，价带顶和导带底都位于 Γ 点，带隙宽度为 5.87 eV[28]。力学性质的计算结果表明：O 碳的体弹模量为 438.6 GPa，体弹模量的值在金刚石[19]和 c-BN[42]之间，说明它是一种抗压缩的材料。

5. *Cco*-C_8 碳

2011 年，燕山大学的赵智胜教授应用 CALYPSO 软件在 0～100 GPa 压力范围内，采用 28 个碳原子的单元胞对碳的同素异形体进行了结构搜索，并发现了一种新型的具有正交结构的碳的同素异形体，空间群为 *Cmmm*，并将其命名为 *Cco*-C_8 碳[22]，如图 2.5 所示。常压下，*Cco*-C_8 碳的晶格常数为 a=8.674 Å，b=4.209 Å 和 c=2.487 Å，C 原子占据两个不等价位置 8q（−1/6，0.185，−1/2）和 8p（−0.089，−0.315，0.0）。从拓扑结构上可以看出：*Cco*-C_8 碳是由 4+6 的碳环构成。

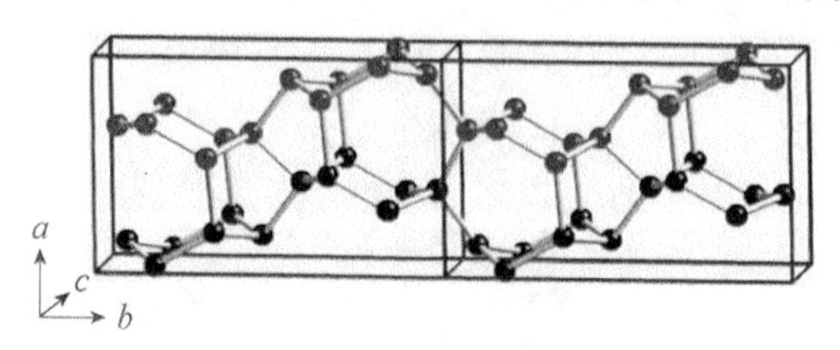

图 2.4　O 碳的晶体结构（扫描封底二维码可见彩图）
（此图来源于文献[28]）

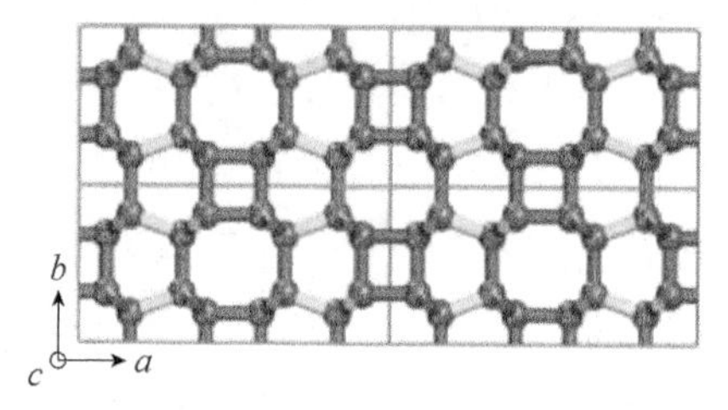

图 2.5　*Cco*-C_8 碳的晶体结构（扫描封底二维码可见彩图）
（此图来源于文献[22]）

当压力超过 9.3 GPa 时，*Cco*-C_8 碳的焓值低于石墨[22]。重要的是，在所研究的压力区间内，除金刚石和六角金刚石以外，*Cco*-C_8 碳具有明显的能量优势，这说明 *Cco*-C_8 碳比这些结构更为稳定，低于前人理论提出的系列冷压石墨碳的能量，在一定的条件下更易于实验合成。

为了研究其动力学稳定性，计算了 *Cco*-C_8 碳的声子谱。常压下，在整个布里渊区内没有出现虚频现象，说明 *Cco*-C_8 碳的动力学性质稳定。电子能带计算表明，*Cco*-C_8 碳是一种绝缘材料，其带隙约为 3.12 eV。*Cco*-C_8 的体弹模量为 444.1 GPa，略低于金刚石[19]，说明它是一种抗压缩的材料。此外，根据微观硬度模型从理论上模拟了 *Cco*-C_8 碳的硬度，得到其硬度值为 95.1 GPa[22]，说明 *Cco*-C_8 碳是一种超硬材料。

6. oC32 碳

为了寻找能量低的碳的同素异形体，我们采用的是 CALYPSO 晶体结构预测方法[43,44]。结构优化和电子性质计算使用的是 VASP 软件包[45]，采用 PAW-LDA 赝势[46]，C 原子的价电子构型为 $2s^22p^2$。为了保证计算的准确性，我们选用了 1000 eV 作为平面波截断能，K 点的选取使能量收敛达到了 1 meV/原子。通过超晶胞方法[47,48]计算了 oC32 碳的声子谱（256 个原子/超晶胞）。弹性常数计算采用应变-应力方法，体弹模量和剪切模量由 Voigt-Reuss-Hill 平均法则演化而来[49]，Mulliken 布居数由 CASTEP 软件计算[50]。

我们应用 CALYPSO 软件分别在 0、20 和 50 GPa 压力点，采用 1～16 倍分子式对碳的同素异形体进行了结构搜索。在此结构搜索中，不但搜索出已知的金刚石和石墨结构，还找到了先前理论上提出的 bct-C_4，M 碳，W 碳，*Cco*-C_8，X 碳，Y 碳，T_{12} 碳和 C 碳等结构。我们发现了一种新型的具有正交结构的碳的同素异形体，空间群为 *Cmmm*，命名为 oC32 碳[5]，如图 2.6 所示。常压下，oC32 碳的晶格常数为 a=17.283 Å，b=4.171 Å 和 c=2.486 Å，C 原子占据四个不等价位置 8q（0.20849，0.18717，0.5），（0.95523，0.31477，0.5），和 8p（0.83299，0.31262，0.0），（0.58372，0.31513，0.0）。从拓扑结构上来看，oC32 是由 4+6+8 环组成，每两层 4+8 环碳之间有三层六环碳。

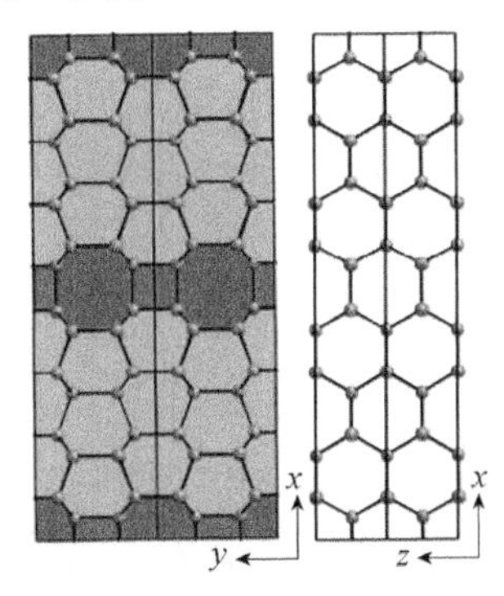

图 2.6　oC32 碳的晶体结构（扫描封底二维码可见彩图）

图 2.7 为不同的碳的同素异形体相对于石墨的焓差图，从图中我们可以看到：当压力超过 4.7 GPa 时，oC32 碳的焓低于石墨；重要的是，所研究的压力区间内，金刚石和六角金刚石以外，oC32 碳具有明显的能量优势，这说明 oC32 碳比这些结构更为稳定，低于前人理论提出的系列冷压石墨碳的能量，在一定的条件下更易于实验合成。

为了研究 oC32 碳的动力学稳定性，我们计算了其声子谱，如图 2.8 所示。可以看到，在整个布里渊区内没有出现虚频，说明 oC32 碳动力学稳定。

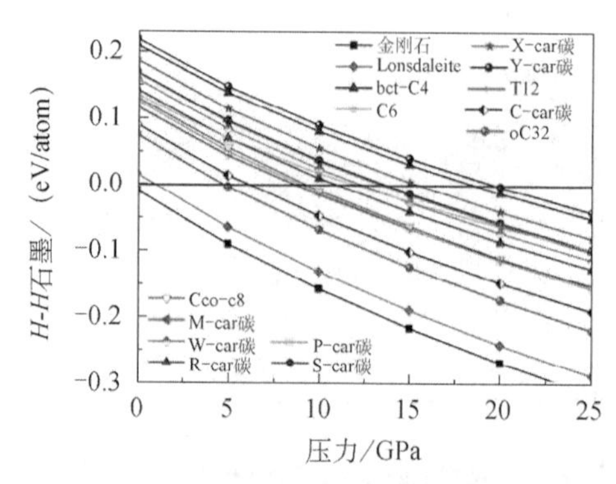

图 2.7　不同的碳的同素异形体相对于石墨的焓差（扫描封底二维码可见彩图）

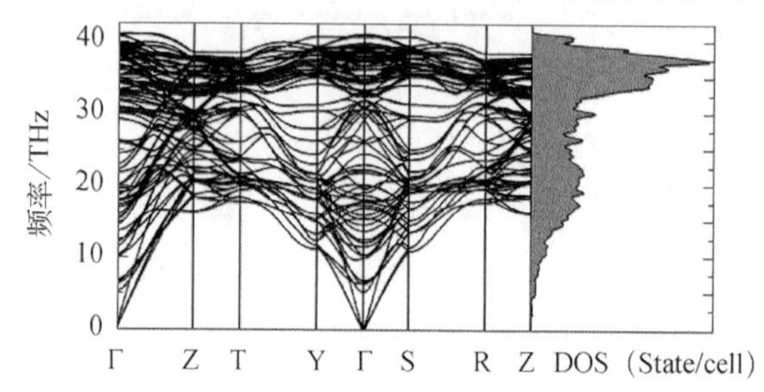

图 2.8　常压下 oC32 的声子谱（左）和声子态密度（右）

图 2.9 为常压下 oC32 的电子能带图和电子态密度，可以看到：oC32 是一个间接带隙的半导体，价带顶位于 Γ 点，导带底在 Γ 点到 Z 点的路径上，带隙宽度为 3.00 eV。为了更详尽地研究 oC32 碳的成键特征，我们还计算了电子局域泛函（ELF）[51]，如图 2.10 所示。从图中可以看到：C-C 原子间有很明显的电子局域，说明形成的是很强的共价键。

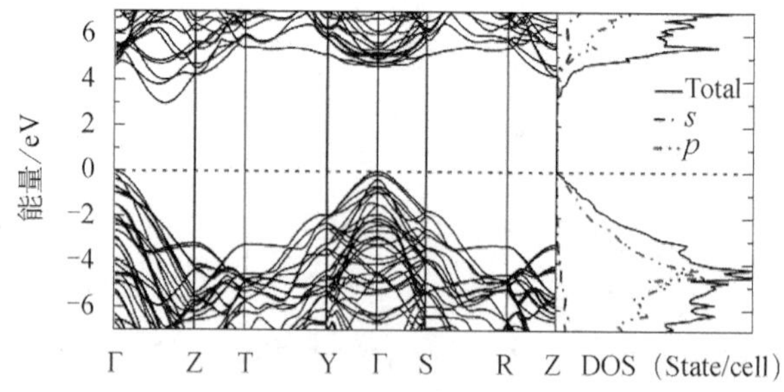

图 2.9　常压下 oC32 的电子能带（左）和电子态密度（右）（扫描封底二维码可见彩图）

在表 2.1 中，我们列出了常压下金刚石、c-BN、bct-C_4，M 碳、W 碳、Cco-C_8，C 碳和 oC32 碳的平衡体积 V_0、体弹模量 B_0、带隙宽度 Eg 和维氏硬度 H_v 的值。oC32 的体弹模量为 457.4 GPa，虽然略低于金刚石（467.3 GPa），但是却高于其他的结构，这说明它是一种抗压缩的材料。

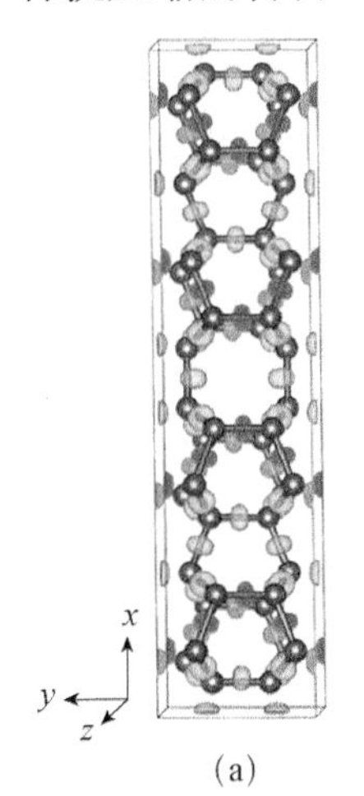

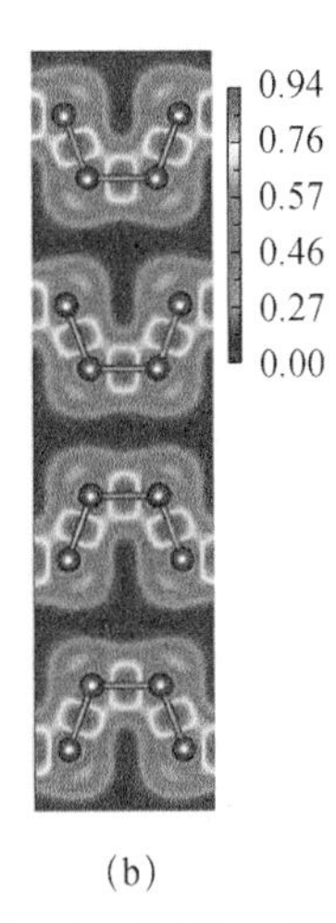

(a) (b)

图 2.10 (a) ELF 等势面（等势面的值为 0.85），(b)（001）面 ELF 图（扫描封底二维码可见彩图）

表 2.1 常压下金刚石、c-BN、bct-C_4，M 碳、W 碳、*Cco*-C_8，C 碳和 oC32 碳的平衡体积 V_0（$Å^3$/原子），体弹模量 B_0（GPa），带隙宽度 E_g（eV）和维氏硬度 H_v（GPa）

结构	方法	V_0	B_0	E_g	H_v
金刚石	本试验	5.52	467.4	4.23	97.5
	LDA[27]	5.52	466.8	4.19	97.5
	Expt.[52]	5.67	446	5.47	60～120[40]
c-BN	本试验	5.75	403.0	4.10	72.0
	LDA[4]	5.75	401.2		62.4
	Expt.[43]	5.91	387		47[53]
bct-C_4	本试验	5.83	436.9	2.32	93.5
	LDA[27]	5.83	431.2	2.62	92.9
	LDA[29]	5.82	428.7	2.56	
	LDA[19]	5.83	433.7	2.58	
M-碳	本试验	5.78	434.1	3.58	93.9
	LDA[4]	5.78	431.2		83.1
	LDA[27]	5.78	432.4	3.55	93.5
W-碳	本试验	5.76	437.0	4.39	94.1
	LDA[19]	5.76	444.5	4.39	
	LDA[27]	5.77	431.7	4.35	93.8
Cco-C_8	本试验	5.68	448.5	3.09	95.2
	LDA[27]	5.68	444.1	3.12	95.1
C-碳	本试验	5.70	444.6	4.42	95.2

续表

结构	方法	V_0	B_0	E_g	H_v
C-碳	LDA[20]	5.70	427.8	4.38	56.0
*o*C32	本试验	5.60	457.4	3.00	96.2

为了进一步确定 oC32 碳是否是一种潜在的超硬材料，我们根据微观硬度模型[54-56]从理论上计算了 oC32 碳的硬度以及金刚石和 c-BN 的硬度值（见表 2.1）。实验上测得金刚石的硬度值为 60～120 GPa[40]，我们计算的硬度值为 97.5 GPa，符合得较好。计算所得出的 oC32 碳的硬度值为 96.2 GPa，明显高于 c-BN 和其他冷压碳的硬度值，说明 oC32 碳是一种超硬材料。

由于材料的硬度与其剪切模量密切相关，所以我们计算了 oC32 碳的弹性常数、剪切模量、杨氏模量和泊松比，列于表格 2.2 中。从 oC32 碳的 c_{11}，c_{22} 和 c_{33} 值可以判断出 oC32 碳沿 *a* 轴、*b* 轴和 *c* 轴方向较难压缩。oC32 的剪切模量为 522.2 GPa，高于 c-BN 的值，并且仅比金刚石的值（550.1 GPa）低 5.09 %。通常情况下，当泊松比 v=0.1 时，说明是共价键；当 v=0.25 时，表示成离子键。从表 2.2 中我们可以看见 oC32 的泊松比值为 0.087，说明 oC32 中 C 原子间形成的是很强的共价键，这与电子性质的分析结果一致。

表 2.2 计算的金刚石、c-BN 和 oC32 碳的弹性常数 c_{ij}（GPa）、剪切模量 G（GPa）、杨氏模量 Y（GPa）和泊松比 v

	c_{11}	c_{12}	c_{13}	c_{22}	c_{23}	c_{33}	c_{44}	c_{55}	c_{66}	G	Y	v
金刚石	1104	149					599			550.1	1185.3	0.077
c-BN	820	194					477			411.5	921.0	0.119
*o*C32	1195	54	111	1269	31	1259	475	552	408	522.2	1134.8	0.087

通过高效的 CALYPSO 晶体结构预测方法发现了一种新型的具有正交结构的超硬碳，我们命名为 oC32 碳。oC32 碳的拓扑结构特征可以由 4+8+6 的碳环构成，它的动力学稳定，是间接带隙的半导体，带隙宽度为 3.0 eV。它可以通过石墨加压来合成，当压力大于 4.7 GPa 时，它的能量低于石墨。oC32 碳具有较高的硬度（96.2 GPa）和体弹模量（457.4 GPa）。此外，oC32 碳具有明显的能量优势，低于前人提出的系列冷压石墨碳能量。本工作为实验合成该超硬相和寻找新型轻元素超硬材料提供了理论基础。

2.1.2　硼碳化合物

众所周知，金刚石是目前已知的最硬的材料。然而，金刚石很脆，在高温下下容易和铁发生反应，并且易氧化，这些缺点使其在工业应用上受到很大的限制。人们在寻找具有金刚石结构的强共价化合物方面取得了很大的成功，最有代表性的就是立方氮化硼（c-BN）的实验合成。无论在抗氧化性方面，还是在与铁不发生反应方面，c-BN 都比金刚石有了很大的提高。为了更进一步地提高金刚石的延展性和热稳定性，人们尝试将硼掺杂到金刚石中[57-59]。研究发现：将 B 掺杂到金刚石中，金刚石会由绝缘体转变成金属；当 B 的掺杂浓度超过 2%时，甚至可以转变成超导材料[60]。这些研究都极大地激发了人们寻找集超导和超硬于一身、具有金刚石结构的硼–碳化合物。

1. BC_3 化合物

B 原子掺杂到金刚石中容易引起晶格的变化，从而导致结构不稳定。人们通常以石墨状的 B-C 相作为先驱物，在高温高压下通过化学气相沉积法合成类金刚石结构的硼碳化合物。在这个生成过程中，其成键由二维 sp^2 键转变成三维的 sp^3 键，通过这个方法，Solozhenko 等人[2]在 24 GPa 和 2200 K 下合成出类金刚石的超硬 BC_5（c-BC_5）相。2012 年，Zinin 等人[3]在 39 GPa 和 2200 K 下合成出立方 BC_3 相（c-BC_3），并且通过电子能量损失谱显示出在此结构中原子间成 sp^3 键。为了确定实验上合成的 c-BC_5 和 c-BC_3 结构，人们从理论上提出了若干种结构模型[7-11,61]。然而，这些理论结构的晶格对称性都不是实验上所确定的立方相，甚至有的成键形式也与实验结论不相符。在立方相的 BC_3 中，B 原子在金刚石晶格中是如何分布的，其分布形式对于稳定晶格结构和对其物理属性都起到了怎样的作用？这些是非常有趣的、又值得我们深入探索的问题。

在这里我们通过结构搜索的方法确定了实验上新合成的立方 BC_3 结构（d-BC_3），这个结构是立方金刚石结构，B-B 键以一种不同寻常的方式完全分布在晶格的体对角线上。无论是晶格对称性和 sp^3 成键方式，还是 X 射线衍射和拉曼光谱，我们的数据都和实验数据完全吻合。我们发现高度对称的 B 键对于稳定立方金刚石结构起到了至关重要的作用。应力–应变的关系揭示了 d-BC_3 是一种各向同性的超硬材料，并且具有很好的延展性。

在结构搜索中我们采用的是高效的 CALYPSO 晶体结构预测方法[43,44]，分别在 0～100 GPa 的压力下，用 1～16 倍分子式，对 BC_3 进行了晶体结构预测。结构优化和电子性质计算使用的是 VASP 软件包[45]，我们使用的是 PAW-PBE 赝势[62]，对于 B 和 C 原子，价电子的电子构形分别为 $2s^22p^1$ 和 $2s^22p^2$。为了保证计算的准确性，选用 800 eV 作为平面波截断能，采用 8×8×8 的 Monkhorst-Pack k 点网格计算焓值，能量收敛度达到了 1 meV/原子。通过超晶胞方法[47,48]和线性响应理论[63]，使用 PHONOPY 软件包[48]进行晶格动力学计算。拉曼峰是在密度泛函微扰理论下应用 Quantum-Espresso 软件包[63]计算的，计算中截断能取 80Ry。弹性常数的计算采用 stress-strain 方法，硬度计算采用的是考虑了金属修正的半经验硬度模型[54,64]。

我们使用 CALYPSO 晶体结构预测软件在 0～100 GPa 的压力范围内，对 d-BC_3 的晶体结构进行结构搜索，模拟的最大原胞尺寸达到了 16 倍分子式（每胞 64 个原子）。在预测中，得到了先前理论提出的正交 *Pmma-a* 结构[8]，*Pmma-b*[8]，和四方 *P*-4*m*2 结构[7]，这说明了我们的结构预测方法是准确可靠的。但是，这些结构的对称性都与实验上所确定的立方对称性不相符。

在 40 GPa 压力下，我们发现了一种具有立方金刚石的结构，将其定义为 d-BC_3，它的空间群为 *I*-43*m*，每个胞里含有 64 个原子，如图 2.11 所示。此结构具有极高的对称性，与以往的 BC_3 结构不同之处是：在以往的结构中 C 原子层之间都有 B 原子层，而 d-BC_3 中不存在 B 原子层。d-BC_3 结构可以看成是一个 2×2×2 的金刚石超胞，胞内的 16 个 B 原子全部分布在体对角线上，即 8 个 B-B 键都分布在体对角线上，也正是这种特殊的 B-B 键分布形式对于稳固立方金刚石结构起到了至关重要的作用。

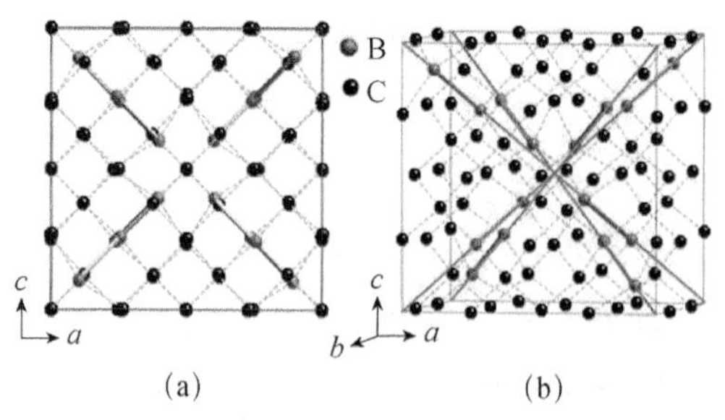

图 2.11　d-BC_3 的晶体结构（扫描封底二维码可见彩图）
（图中蓝色球代表 B 原子，黑色球代表 C 原子）

在常压下，d-BC_3 的晶格常数为 a=7330 Å，B 原子占据在 8c（0.89711，0.89711，0.10289）和 8c（0.24273，0.24273，0.75727）的位置上，C 原子占据 12e（0.26755，0.0，0.0），12d（0.0，0.5，0.75）和 24g（0.61792，0.87580，0.87580）的位置上。d-BC_3 结构中 B 原子的分布特征给了我们很大的启发，日后也可以借鉴这种 B 原子的分布特征设计其他的 BC_x 化合物或是更为复杂的 B-C-N 化合物的晶体结构。

图 2.12 表示不同的 BC_3 结构相对于 P-4m2 相的焓差随压力变化的曲线。从图中可以看到：当压强超过 41.3 GPa 时，d-BC_3 结构的焓值低于其他的 sp^3 成键的 BC_3 结构，并且这个压力点与实验上的合成压力（39 GPa）符合得非常好。

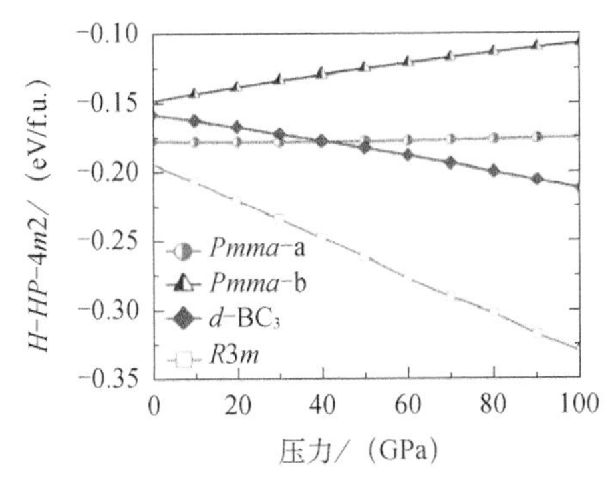

图 2.12　不同的 BC_3 结构相对于 P-4m2 相的焓差随压力的变化（扫描封底二维码可见彩图）

此外，在焓图中我们还加入了 $R3m$ 结构[61]的焓值，虽然它的焓值低于其他 sp^3 成键的 BC_3 结构，但是此结构中存在层状六角 B-C 层，这个层状上的原子成键方式为 sp^2 杂化。由于实验上所合成出的立方 BC_3 结构中只存在 sp^3 键，因此这个结构要被排除掉（在后面的 X 射线衍射对比中，我们也将这个 $R3m$ 结构与实验进行了对比，与实验数据完全不符，说明此结构并非实验上所合成的结构）。

由轻元素 B、C、N、O 轻元素所组成的强共价化合物，其化学成键方式和晶体结构往往形式多样，甚至有些结构和原子占据方式是人们无法想象到的。因此，在研究这类化合物时必须要考虑原子的随机占据情况。这里，我们应用 SQS 模型[65,66]产生了一系列无序的立方 BC_3 结构，并将这些无序的 BC_3 结构的能量和通过 CALYPSO 程序找到的有序的 d-BC_3 结构的能量进行比较。在 SQS 模型中，我们首先建立 n−原子的金刚石超胞（n=16，32，64 和 128），然后在胞中通过程序随机替代 B 原子和 C 原子，但是始终保证它们的原子个数比为 B：C=1：3，然后根据理想随机结构[110]的径向关联函数判断出 n−原子晶胞中最理想的准无序 BC_3 结构。从图 2.13 可以看到：在 0～40 GPa 压力区间内，有序 d-BC_3 结构的能量始终低于准无序金刚石结构的能量；每个胞中无序原子数目越大，越接近接近真实的无序态。我们的计算显示随着原子数目的增加，焓值以一种平缓的趋势不断增大。从图中可以看到：当随机金刚石晶胞中的原子数目达到 128 时，准无序结构的焓值接近收敛。因此，我们检验了原子数目为 128 个原子的准随机 BC_3 结构（128-BC_3）的能量结果发现：在压强 0，10，20，30 和 40 GPa 下，128 个原子的准无序 BC_3 结构的焓值比 d-BC_3 分别高出 240，249，260，270 和 279 meV/分子式，这说明在 0 K 下 d-BC_3 结构比无序结构稳定。

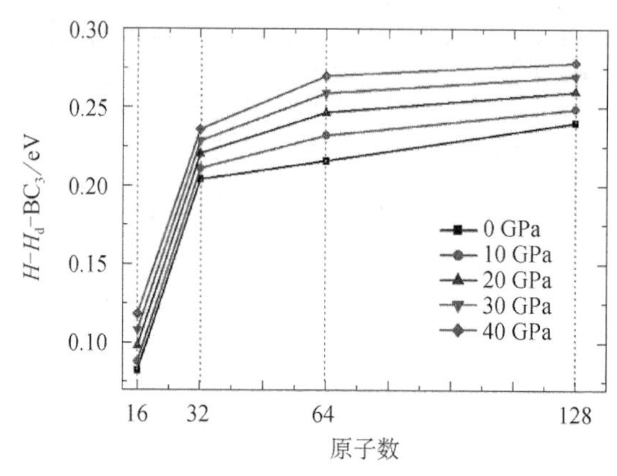

图 2.13　不同压强下不同尺寸的准随机结构相对于 d-BC_3 的焓值图（扫描封底二维码可见彩图）

由于实验上是在高温高压条件下合成的金刚石结构，所以在计算中就必须要考虑其温度效应。我们在计算 d-BC_3 和 128-原子准随机 BC_3 结构的吉普斯自由能时同时考虑了振动熵和位型熵的贡献：

$$G = U + PV + \frac{1}{2}\sum_{q,j}\hbar w_{q,j} + k_B T\sum_{q,j}\ln\left\{1-\exp[-\hbar w_{q,j} / k_B T]\right\} - TS_{\mathrm{conf}}$$

这里，U，P 和 V 分别代表 DFT 中的总能、外加压强和静态结构体积；式中的第三项和第四项分别代表零点运动和振动对自由能的贡献，其中 w（q，j）表示在布里渊区波矢 q 的第 j 个模式的声子频率；第五项代表位型熵对吉普斯自由能的贡献。我们在简谐近似下[67]进行了声子计算，从而获得了零点振动能。我们利用 PHONOPY 软件[48]计算 128-BC_3 和 d-BC_3 结构的声子频率时，k 点网格分别选为 3×2×2 和 4×4×4，截断能选为 800 eV。位型熵的计算通过下面的公式：

$$S_{\mathrm{conf}} = -k_B[x\ln(x) + (1-x)\ln(1-x)]$$

对于准随机 128-BC_3 结构，x=0.25（B 原子浓度占 25%）；对于有序的 d-BC_3 结

构，其位型熵的值为 0。

如图 2.14 所示，为了考虑温度效应，我们计算了 40 GPa 压力下 128 个原子的准随机 BC_3 结构和 d-BC_3 结构在不同温度（T=300，500，1500，2000，2200 K）下考虑了振动贡献和位型熵贡献的吉普斯自由能。当不考虑这两项时，128-BC_3 的焓值比 d-BC_3 高 279 eV/BC_3；当考虑振动贡献时，相对的准随机结构的吉普斯自由能虽然随着温度的升高而降低，但当温度达到实验合成温度 2200 K 时，其吉普斯自由能仍然比 d-BC_3 高 184 meV/BC_3；在只考虑位型熵时，当温度上升超过 1437 K 时，准随机结构的能量开始比 d-BC_3 结构低，这说明位型熵对于稳定准随机结构起到了至关重要的作用；当同时考虑振动贡献和位型熵贡献时，在温度超过 1166 K 时，准无序结构就开始比 d-BC_3 的吉普斯自由能低，这一变化归咎于位型熵的贡献。值得注意的是：我们并不能根据以上计算就轻易得出随机结构在哪个温度点会变得更稳定的结论。

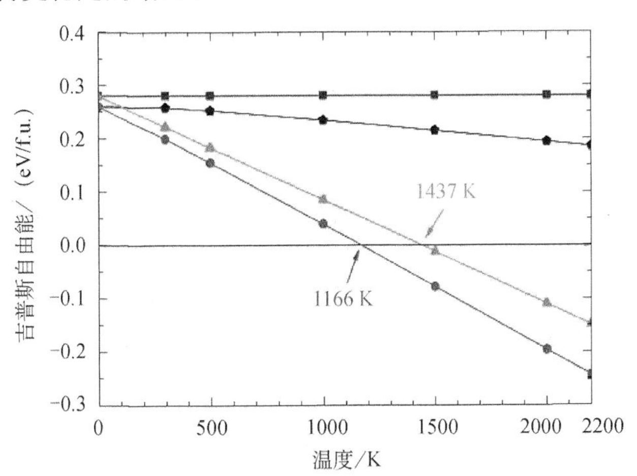

图 2.14　在 40 GPa 下，128 个原子的准随机 BC_3 结构相对于 d-BC_3 结构的吉普斯自由能之差随温度的变化关系（四种符号代表分别对应四种情况：蓝色方形代表不考虑振动熵和位型熵的贡献的情况；黑色五边形代表只考虑振动熵不考虑位型熵贡献的情况；绿色三角形代表只考虑位型熵不考虑振动熵贡献的情况；红色圆形代表同时考虑振动和位型熵的贡献的情况）（扫描封底二维码可见彩图）

因为真实的随机结构（原子数远大于 128）的吉普斯自由能要略高于目前的这个 128-BC_3 结构，并且要想基于密度泛函理论来定量地计算温度效应，尤其是利用经验的位型熵来计算，更会是一个非常大的挑战。然而，目前的计算结果却可以呈现这样的结论：即在温度低于 1166 K 这一很宽的温度区间内 d-BC_3 的能量比

随机 BC_3 结构低；同时，我们的结论也显示了在合成温度 2200 K 下无序结构的吉普斯自由能更低一些。这说明实验合成时样品从高温淬火到常温时会在温度的诱导下发生从无序结构到有序 d-BC_3 结构的转变。有些合金在一定成分和一定温度范围内会发生无序-有序转变，例如：①Cu_3Au 合金[68,69]在 390℃会发生从有序到无序的转变，这个温度比熔点温度（～1000℃）低很多；②固体氢在 300 GPa、220 K 下会发生由部分无序的相 IV[70-72]向有序的相 III[71,73]转变。从 d-BC_3 结构在很大的温度区间内具有更低的能量，我们可以推断在淬火的过程中可能发生了无序-有序的转变。

为了进一步探索 d-BC_3 的动力学稳定性，我们计算了其常压下的声子谱，如图 2.15 所示。从图中可以看到：整个布里渊区没有虚频，说明 d-BC_3 动力学稳定。

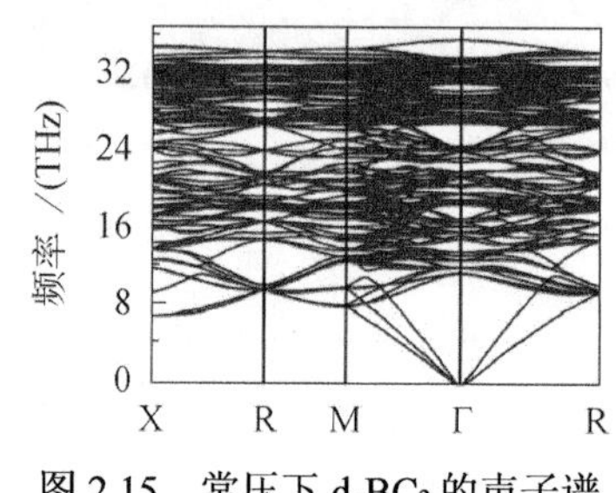

图 2.15 常压下 d-BC_3 的声子谱

为了进一步确定实验上的立方 BC_3 结构，我们首先从理论上模拟了 d-BC_3 的 X 射线衍射（XRD），然后与实验数据进行比对，如图 2.16（a）所示。从图中可以清楚地看到：d-BC_3 的四个主峰值分别在 0.889，1.083，1.269 和 2.075 Å 处，和实验上的峰值完全完全吻合，这说明了 d-BC_3 是实验上所合成出的立方相。同时，我们也模拟了 *R*3*m* 结构的 XRD，其主峰的数量和位置与实验值相差甚大（见图 2.16（a）中蓝色峰值），因此，这就排除了 *R*3*m* 结构。

拉曼光谱分析法是利用光的散射效应而开发的一种无损检测与表征技术。入射光与样品相互作用，由于样品中分子振动和转动，使散射光的频率（或波数）发生变化，根据这一变化可以分析材料的分子结构。图 2.16（b）是常压下 d-BC_3 的拉曼峰与实验数据的对比，可以看到：模拟的拉曼峰和实验数据符合得很好，这更进一步证明了 d-BC_3 为实验上所合成出的立方相。

通过 Bader 电荷分析，计算出 B-B 键临界点处的电荷密度为 0.463 电子/$Å^3$，Laplacian 值为−1.14，这说明在 d-BC_3 结构中，B-B 键是共价的。图 2.17（a）为常压下 d-BC_3 的电子能带图，成键态最高点比费米面高出 0.7 eV，说明 d-BC_3 是一种空穴型导体。从 d-BC_3 的电子态密度（图 2.17（b））中可以看到 C 原子的 p 轨道和 B 原子的 p 轨道发生杂化，说明形成了很强的共价 B-C 键。

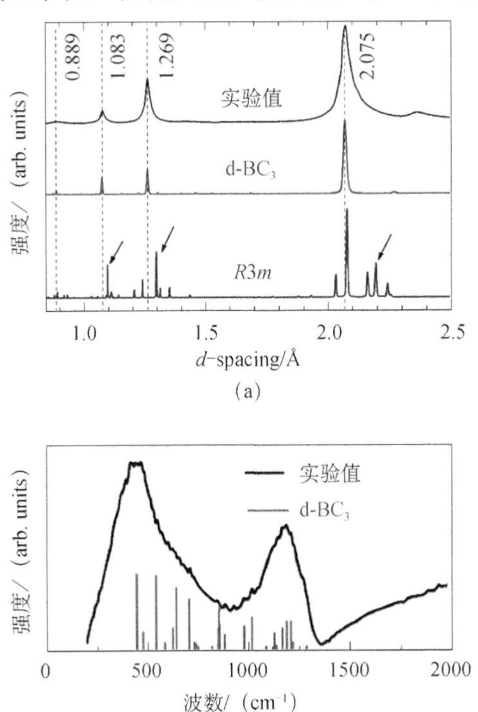

图 2.16　（a）d-BC_3 的 XRD 理论模拟与实验对比（X 射线波长为 0.3681 Å），（b）常压下 d-BC_3 的拉曼峰与实验对比（扫描封底二维码可见彩图）

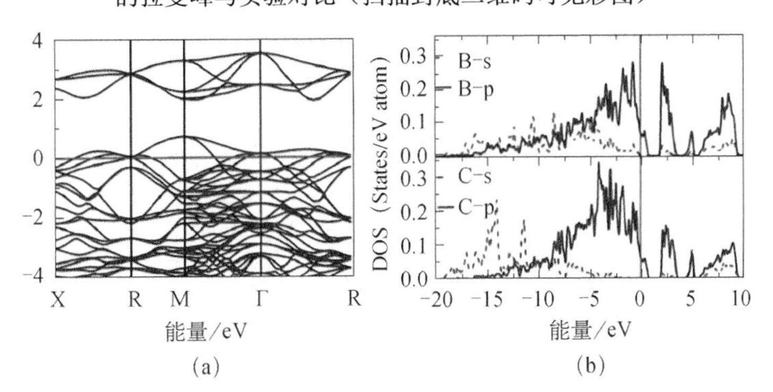

图 2.17　常压下 d-BC_3 的（a）电子能带和（b）电子态密度（扫描封底二维码可见彩图）

我们计算了 d-BC_3 的弹性常数，得到 C_{11}=658.4 GPa，C_{44}=392.5 GPa，

C_{12}=194.7 GPa，它们满足立方晶格的热力学稳定性判定标准：$C_{44}>0$，$C_{11}>C_{12}$ 和 $C_{11}+2C_{12}>0$。我们根据一种半经验硬度模型[54,64]计算出 d-BC_3 的维氏硬度可达到 62 GPa，这说明 d-BC_3 是一种超硬材料，并且其硬度值接近于位于立方氮化硼。

我们通过应力-应变关系的第一性原理计算，研究了 d-BC_3 的理想拉伸强度（图 2.18）和理想剪切强度（图 2.19）。由于 d-BC_3 是立方结构，因此分别计算了 <100>，<110>和<111>方向的拉伸，其对应的最大应力值分别为 107.6，77.6 和 52.5 GPa，其中<111>方向最弱（与金刚石的理想拉伸最弱方向相同）。由于在此结构中较弱的 B-B 全部分布在晶胞的体对角线上，所以这个结论与 d-BC_3 的结构特征完全吻合。从键长的变化可以看到（见图 2.18 中插图），随着应变的增加，B-B 键不断变弱，在应力 0.08 处 C5-C6 键的键长发生突变，说明此时此键断裂，这个应力点与<111>方向最大应力点相一致，说明此结构对外力的负载主要来自于 C-C 键的支撑。但是与金刚石相比，由于在 d-BC_3 中<111>方向存在 B-C 键，C-C 键的键密度相对降低，因此导致了 d-BC_3 的理想拉伸强度低于金刚石。但是，我们发现了一个比较有趣的现象：<111>方向的拉伸应力经过了最高峰之后，在一个非常大的应变区域内（0.08～0.18）缓慢地下降。这种现象在超硬材料中并不常见，与金刚石和 BN 中理想拉伸曲线突然下降的情形截然不同[14,74,75]。在 d-BC_3 结构的理想拉伸中，更令人惊奇的是：在<111>方向曲线从最大峰值处滑落后进入了第二次弹性区域，在应变 0.18 处开始缓慢上升至 7.7 GPa（如图 2.18 中 T1 处），然后在应变 0.31 处（T2 处）直接石墨化。这一独特的延展性和弹性行为是由 B 原子在 d-BC_3 中所处的环境所导致的。导致理想拉伸应力经过最大的峰值后逐渐减小的原因为在<111>方向不完全是很强的 C-C 共价键，还有一部分是 B-C 键和 B-B 键。当 C-C 键被破坏掉以后，B-C 键就起到了抵抗外界拉力的作用，因此出现了一段弹性反应区。从图 2.18 中可以清晰地看到应变点 T1 的结构图，虽然 C-C 键断裂，但是 B-C 键仍未断裂；直到应变达到 T2 点，B-C 键才断裂，结构出现石墨化。这种情形与金刚石和 c-BN 完全不同，这是由于在这两个结构中只存在一种键，所以当拉伸应变达到某一程度时，拉伸方向上的键几乎同时断裂，导致拉伸应力曲线在最高点处会急剧下落。而在 d-BC_3 中既有 C-C 键，又有 B-B 键和 B-C 键，每种键具有不同的键强和对应的断裂应变点，所以 d-BC_3 中特殊的成键方式和成键相继破坏机制导致了它具有很好延展性。

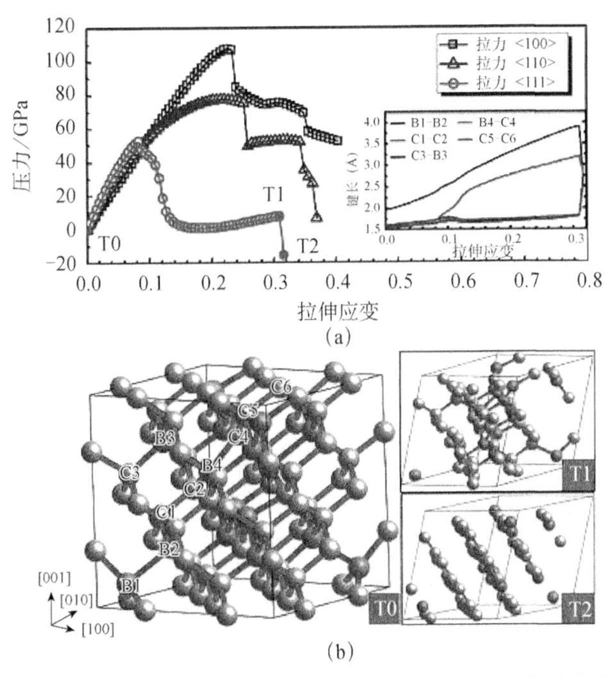

图 2.18　(a) d-BC_3的理想拉伸强度（插图为<111>方向上键长随应变的变化关系），(b) 初始（T0）结构和对应两个特殊应变点（T1 和 T2）的结构（扫描封底二维码可见彩图）

接下来我们系统地研究了 d-BC_3的各方向的理想剪切强度，由于（111）面上的剪切强度最弱，所以这里只介绍（111）面的理想剪切。从图 2.19 中可以看到：不同方向上最大的应力相差不大，这说明 d-BC_3具有较好的各向同性，这点也和金刚石和 c-BN（差值都超过 40%）的情况不同[74]。在（111）$[0\bar{1}1]$方向的理想剪切强度最弱，应力最大值为 53.0 GPa，与<111>方向的理想拉伸强度（52.5 GPa）基本一致，说明 d-BC_3是一种硬度接近于 c-BN[74]的超硬材料。d-BC_3的理想剪切强度与拉伸强度之比（53.0/52.5）在超硬材料中的比值最低。在剪切过程中，键的断裂按着一定的次序：首先是一部分 B-C 键发生断裂，然后是 B-B 键，接下来又有一部分 B-C 键和 C-C 键相继发生断裂（可见图 2.19 中键长插图）。在（111）$[\bar{1}\bar{1}2]$和（111）$[11\bar{2}]$方向上出现了类似的键断裂次序，所以这两个方向上的最大剪切强度接近相等。d-BC_3 的拉伸和剪切行为在强共价晶体中是一种新型的结构变形行为，我们的研究解释了为什么实验中将 B 原子掺入金刚石会提高金刚石的韧性[57-59]。此外，这种有序的键断裂模式还为探索其他复杂键分布的强共价化合物的提出了一种普适性机制。

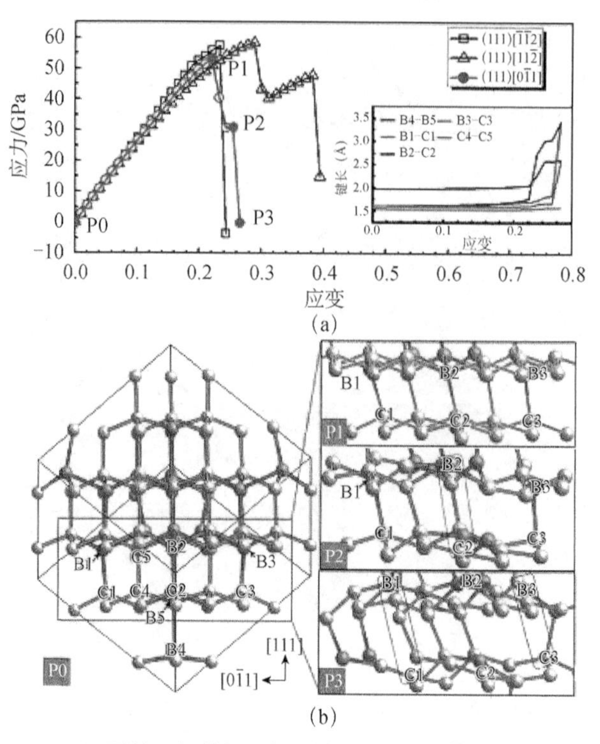

图 2.19 （a）d-BC_3（111）面的理想剪切（插图为（111）[0 $\bar{1}$ 1]方向键长随应变的变化），（b）相对于上图中应力点所对应的结构

（P0 为初始结构，红框里是对应着 P1-P3 时结构成键的变化情况）（扫描封底二维码可见彩图）

通过 CALYPSO 晶体结构预测方法，我们首次确定了最近实验上所合成的立方 BC_3 的晶体结构。与先前理论上提出的几种 BC_3 结构相比，我们发现了一种具有极高对称性的立方金刚石结构的 BC_3 相。当压力超过 41.3 GPa 时，这个相的能量最稳定，此压力点与实验上的合成条件（39 GPa）非常接近。d-BC_3 的 X 射线衍射和拉曼谱与实验数据完全吻合，证明了 d-BC_3 即为实验上合成的立方相。通过考虑振动熵和位型熵对吉普斯自由能能量的影响，排除了 d-BC_3 为无序结构的可能。研究还揭示了 d-BC_3 是一种优异超硬材料，其近各向异性和良好的延展性是由其特殊的成键方式和成键相继破坏机制所导致的。本研究工作解决了困扰多年的立方 BC_3 相的结构难题，为日后进一步解决 c-BC_5 和 c-BC_2N，以及其他 B-C 化合物的晶体结构奠定了理论基础。

2. BC_5 化合物

2009 年，Solozhenko 等人成功地合成了类金刚石立方 BC_5 结构[2]，这个结构是当时所获得的 B 含量最高的硼碳化合物（～16.7%）。实验合成的 c-BC_5 展现出超硬特性，被测得体弹模量达到 335 GPa，断裂韧度达到 9.5MPa $m^{0.5}$，热稳定性高达 1900 K，因此被期待成为同时具备超硬和超导特性的多功能材料。

2010 年，吉林大学李全教授利用基于密度泛函框架下第一性原理计算结合基因遗传算法和粒子群优化算法对 BC_5 的高压相结构做了预测[9]。在晶体结构预测的过程中，采用变胞的方式，原胞中考虑 1～2 个形成单元，在 0～100 GPa 下进行了结构预测（实验合成压力为～24 GPa），最终找到了 7 个能量较低的结构，分别是六角的 *P*3*m*1、*P*-3*m*1-1 和 *P*-3*m*1-2，四方的 *I*-4*m*2 以及正交的 *Imm*2、*Pmma*-1 和 *Pmma*-2，晶体结构如图 2.20 所示。

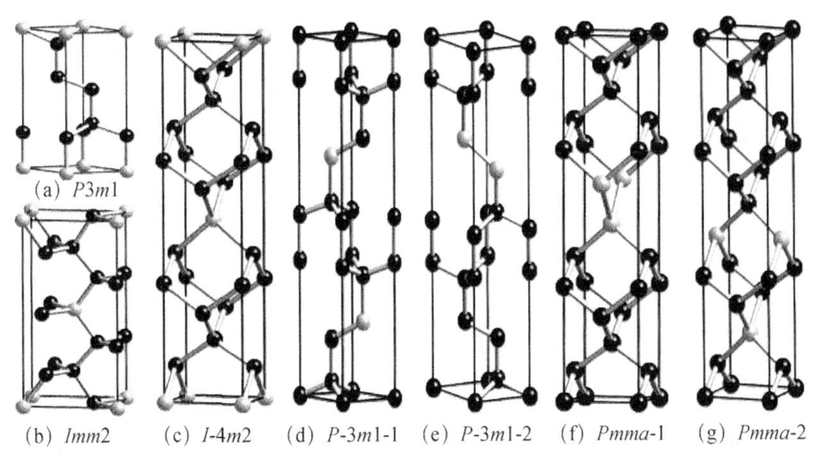

图 2.20　理论预测的 c-BC_5 的晶体结构（扫描封底二维码可见彩图）
（此图来源于文献[9]）

从这些结构晶体特征看，除 *Imm*2 外，其他的相都可以看做是由三明治类型的结构堆砌而成的。*I*-4*m*2，*Pmma*-1 和 *Pmma*-2 相的堆积方式为 ABCABC……，并沿着金刚石[100]晶向堆砌而成，我们将其命名为[100]结构。而 *P*3*m*1 和 *P*-3*m*1 结构可以看做是金刚石-[111]结构，按照金刚石[111]方向堆砌而成，所有结构都表现出完全的 sp^3 杂化。进一步将每个原胞中含有的形成单元数增加到 3～4 时，预测的结构明显表现出分解的趋势，分解成金刚石和硼碳层。

BC_5 的这些结构属于“空穴型金属”。其根源在于硼比碳少 1 个电子，在形成 sp^3 杂化时，就表现出了空穴的特征。这和掺硼金刚石的特征相似。*Pmma*-1 和 *Pmma*-2 的体弹模量分别为 373 GPa 和 379 GPa，十分接近于实验上测量 c-BC_5 的 335 GPa。计算得到的两个 *Pmma* 结构的维氏硬度分别为 74 GPa 和 70 GPa，与实验测量值 71 GPa 相符合。当考虑到 *Pmma*-1 和 *Pmma*-2 的金属修正时，计算得到的硬度值为 60 GPa 和 55 GPa。

2.1.3 硼氮化合物

由于工业上的广泛应用，氮化硼（BN）一直以来是理论和实验研究的热点课题之一。类似于 C 元素，BN 能够以许多种结构形式存在，如六方 BN（h-BN）[76]，闪锌矿 BN（c-BN）[77]，纤锌矿 BN（w-BN）[78]，BN 富勒烯[79]，BN 纳米管[80]，5H-BN[81]和无定形 BN[82]等。近年来，一系列新的氮化硼同素异形体被陆续提出[83-88]，然而却没有可以与金刚石和立方氮化硼相媲美、并能广泛应用于磨料、刀具、涂层等工业应用的超硬候选材料。因此，探索新的超硬材料是一项非常有意义和迫切的工作，探索具有高抗压强度、高导热系数、高折射率、高化学稳定性，特别是高硬度的新型超硬材料仍有很长的路要走。

2013 年，在我们应用 CALYPSO 晶体结构预测方法提出 oC32 碳之后[5]，我们通过用 B 原子和 N 原子替换 C 原子的方法设计了一种新的正交晶系氮化硼超硬结构，并将其命名为 O-BN[89]。结构优化和电子性质计算使用的是 VASP 软件包[45]，使用的是 PAW-PBE 赝势[46]，对于 B 原子和 N 原子，价电子的电子构形分别为 $2s^22p^1$ 和 $2s^22p^3$。为了保证计算的准确性，选用了 800 eV 作为平面波截断能，采用 1×3×6 的 Monkhorst-Pack k 点网格计算焓值，能量收敛度达到了 1 meV/原子。通过超晶胞方法和 Hellmann-Feynman 定理[47,48]，使用 phonopy 软件包进行晶格动力学计算。弹性常数采用应变应力法模拟，体模量和剪切模量采用 Voigt Reuss Hill 平均法计算[49]。

O-BN 的空间群为 *Pbam*，仅由 sp^3 杂化的 B-N 键组成，如图 2.21 所示，在单胞中有沿两个不同方向的 16 个 B 原子和 16 个 N 原子。在常压下，O-BN 的晶格常数为 a=17.534 Å，b=4.207 Å，c=2.525 Å，B 原子分别占据 4h（0.45567，0.17064，0.5），（0.70841，0.32945，0.5）和 4g（0.16703，0.67020，0），（0.91671，0.82994，0）的位置，N 原子分别占据 4h（0.70836，0.70396，0.5），（0.54421，0.20220，0.5）和 4g（0.41646，0.29852，0），（0.66700，0.20404，0）的位置。

图 2.22 表示 c-BN，w-BN，bct-BN，Z-BN，P-BN 和 O-BN 相对于 h-BN 的焓值的焓差随压力变化的曲线。根据得到的计算结果，从图中可以看到：与预期的

一样，立方氮化硼是能量最优的相，而 w-BN 相对于 c-BN 来说焓值较高，但在这里考虑的压力范围内，它比层状的 h-BN 更稳定。此外，O-BN 结构在能量上比先前提出的 bct-BN、Z-BN、P-BN 结构更有利。

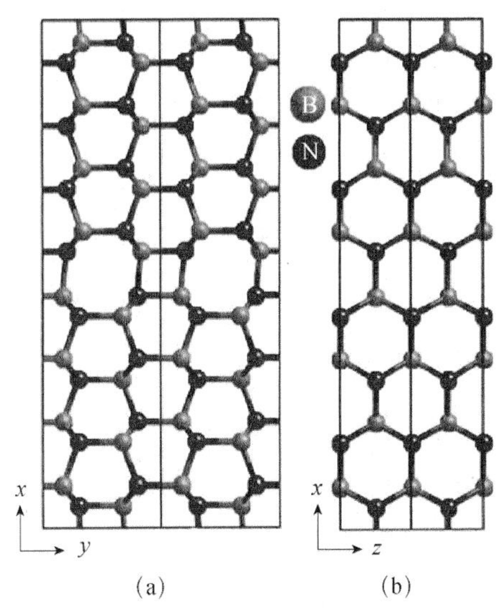

图 2.21　O-BN 的晶体结构（扫描封底二维码可见彩图）

（a）和（b）分别是沿 z 轴和 y 轴两个方向的结构图

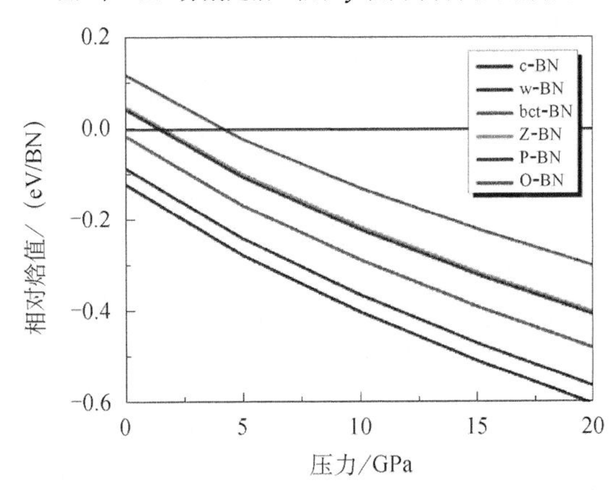

图 2.22　c-BN，w-BN，bct-BN，Z-BN，P-BN 和 O-BN 相对于 h-BN 的焓值（扫描封底二维码可见彩图）

为了证实 O-BN 的动态稳定性，分别在 0 GPa 和 20 GPa 下计算了它的声子色散曲线。如图 2.23（a）所示，在整个布里渊区没有探测到声子谱虚频率现象，说明 O-BN 在常压和高压下的动力学性质稳定。图 2.23 为常压下 O-BN 的电子能带结构和电子态密度图。电子性质表明 O-BN 是一种间接带隙绝缘体，带隙宽度值约为 4.85 eV。

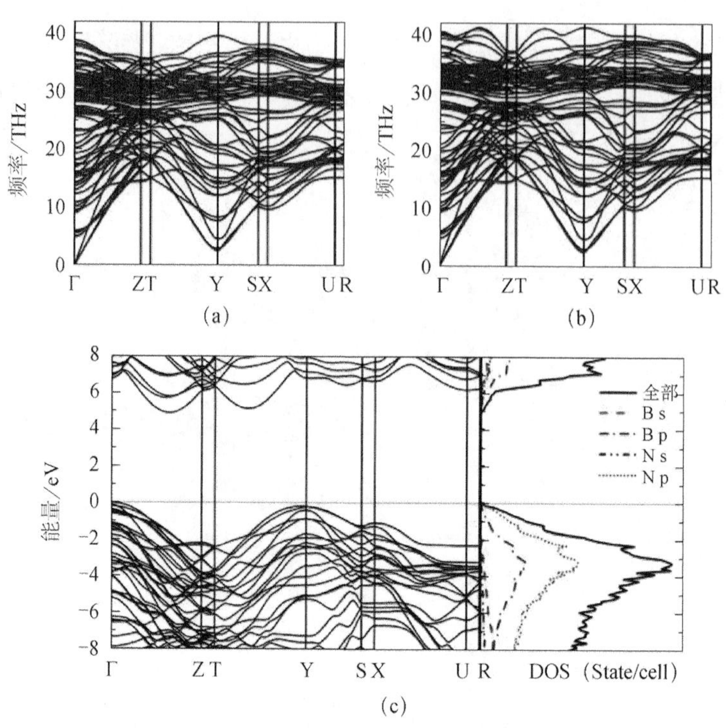

图 2.23 (a) O-BN 在 0 GPa 的声子谱，(b) 20 GPa 下的声子谱，
(c) O-BN 在 0 GPa 时的能带结构（左）和电子密度（右）（扫描封底二维码可见彩图）

在表 2.3 中，列出了常压下 c-BN，w-bn，bct-bn，Z-BN，P-BN 和 O-BN 的空间群、晶格参数、体积、体弹模量、剪切模量、杨氏模量和维氏硬度的值。O-BN 的体弹模量值为 397.38 GPa，比 c-BN（403.02 GPa）和 w-BN（403.29 GPa）略低，但是比其他的 BN 结构的值略高，证明 O-BN 是一个抗压缩的材料。

表 2.3 常压下 c-BN，w-bn，bct-bn，Z-BN，P-BN 和 O-BN 的空间群、晶格参数、体积、体弹模量、剪切模量、杨氏模量和维氏硬度

结构	空间群	方法	晶格参数	V_0	B_0	G	E	H_v
c-BN	F-43m	本试验	A=3.583	11.496	403.02	411.48	920.99	66.34
		Expt.[78]	A=3.62					
		LDA[83]	a=3.589	11.564	387.28			
		GGA[84]	a=3.589		376.19	381.52		62.82
		LDA[85]	a=3.581	11.48	407			61.03
w-BN	$P6_3mc$	本试验	a=b=2.525，c=4.178	11.531	403.29	416.50	929.51	67.78
		Expt.[78]	a=b=2.55，c=4.20					
		LDA[83]	a=b=2.538，c=4.197	11.600	387.20			

续表

结构	空间群	方法	晶格参数	V_o	B_o	G	E	H_v
w-BN	$P6_3mc$	GGA[84]	a=b=2.555，c=4.225		375.24	384.17		63.82
		LDA[85]	a=b=2.536，c=4.195	11.68	404			60.89
z-BN	$Pbam$	本试验	a=8.794，b=4.245，c=2.528	11.7957	391.92	388.74	876.44	61.84
		GGA[84]	a=8.891，b=4.293，c=2.555		359.61	347.45		55.88
		LDA[85]	a=8.785，b=4.24，c=2.525		430	370	849	60.62
bct-BN	$P4_2/mnm$	本试验	a=b=4.370，c=2.522	12.0395	391.65	386.56	872.59	61.25
		LDA[83]	a=b=4.380，c=2.526	12.117	360.46			
		GGA[84]	a=b=4.425，c=2.548		348.35	309.44		46.86
		LDA[85]	a=b=4.369，c=2.522		395	316	749	58.77
P-BN	$Pmn2_1$	本试验	a=2.526，b=8.777，c=4.247	11.7685	391.72	386.55	872.63	61.24
		LDA[85]	a=2.525，b=8.775，c=4.247		403	368	846	60.46
O-BN	$Pbam$	本试验	a=17.533，b=4.206，c=2.525	11.640	397.38	403.46	904.32	65.10

从表 2.4 可以很清晰的看到弹性模量满足机械稳定性标准，证明 O-BN 是弹性稳定的。O-BN 的 C_{11}，C_{22} 和 C_{33} 的值很大，反映出 O-BN 在 a，b，c 轴三个方向很难压缩。为了进一步分析 O-BN 的硬度，采用硬度模型公式[90] $H_v=2\left(G^3/B_0^2\right)^{0.585}-3$ 计算出 c-BN，w-BN，bct-BN，Z-BN，P-BN 和 O-BN 的硬度值分别为 66.34，67.78，61.25，61.84，61.24 和 65.10 GPa。值得注意的是，除 c-BN 和 w-BN 外，O-BN 的硬度值在所有 BN 同素异形体中最高，表明 O-BN 可能是一种潜在的超硬材料。O-BN 的三维电子局域泛函等值面如图 2.24（a）所示，当 ELF=0.85 时，在 B 原子和 N 原子之间可以看见明显的电子局域。同时，从图 2.24（b）图的二维（001）平面也可以看到很强的 B-N 键共价特征。因此，共价的 O-BN 是一个潜在的超硬材料，日后有可能会广泛地应用于工业中。

表 2.4　计算了金刚石、c-BN 和 O-BN 的弹性常数 C_{ij}（GPa）

	C_{11}	C_{12}	C_{13}	C_{22}	C_{23}	C_{33}	C_{44}	C_{55}	C_{66}
金刚石	1104	149					599		
c-BN	820	194					477		
O-BN	968.43	79.93	131.99	1027.65	71.61	1013.31	352.15	425.23	331.29

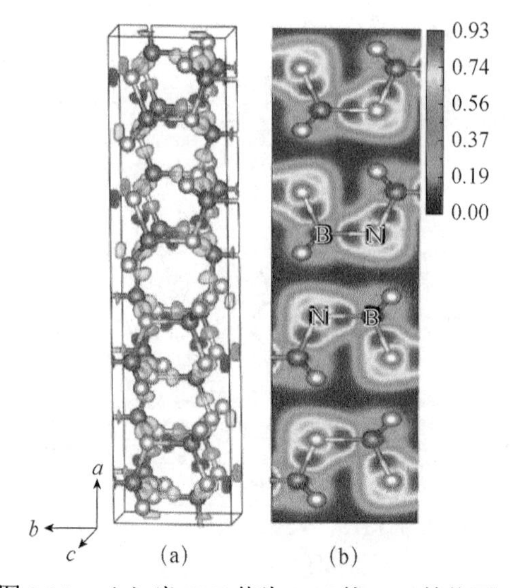

图 2.24 （a）当 ELF 值为 0.85 的 ELF 等值面，
（b）（001）面的二维 ELF 图（扫描封底二维码可见彩图）
（此图来源于文献[89]）

综上所述，根据第一性原理计算，预测了一种新型的超硬正交 O-BN 相。这种 O-BN 结构具有 4+8+6 的拓扑结构特征，并且比先前提出的理论 BN 结构在能量上更加稳定。在常压和 20 GPa 压力下，O-BN 在整个布里渊区均无虚声子频率，表明它是动力学稳定的。进一步计算的电子性质表明 O-BN 是一种间接带隙宽度约为 4.85 eV 的绝缘体。O-BN 具有较高的硬度（65.10 GPa）和体积模量（397.38 GPa），这表明它将是一种潜在的超硬和不可压缩材料。此项工作的研究对未来新型超硬材料的设计具有一定的指导意义。

2.1.4 碳氮化合物

具有原子间距离短、大体积模量特征的 β-C_3N_4[91-93]结构的提出激发了人们对碳氮化合物的浓厚兴趣[94-104]。随后一系列比较重要的 C_3N_4 结构，如六方 α-C_3N_4、立方 C_3N_4（c-C_3N_4）、具有缺陷闪锌矿结构的立方相（*dzb*-C_3N_4）和伪立方相（*pc*-C_3N_4）[105,106]被相继提出。值得注意的是，c-C_3N_4 在常压下的体积模量在 449～496 GPa 区间，甚至超过了金刚石的实验值（442 GPa）[64,106-110]。因此，碳氮化合物被认为是超硬材料家族的候选材料。然而，由于碳氮化合物中 C 和 N 原子的原子质量相近，且 C 原子和 N 原子能够形成 *sp*-、sp^2-和 sp^3-杂化键[4,12]，确定硼碳化合物的晶体结构具有很大的挑战性，甚至晶体化学计量 C_3N_4 的存在也没有得到明确的证明。

短而强的三维共价键是形成超硬材料的必要条件[55,91-93,105,106,111-114]。具有高体积模量和硬度的碳氮化合物应具有四配位碳和三配位氮[106]。2012 年，吉林大学的李全教授利用基于粒子群算法（PSO）的结构搜索方法在 0～100 GPa 的压力范围内对 CN_2 进行了晶体结构预测，并提出了一种新的体心四方 CN_2 结构，命名为 *bct*-CN_2[115]。

本研究中找到了 6 个能量较低的结构，空间群分别为 *Pa*3，$P42_1m$，*I*42*d*，*I*4*m*2，*P*3*m*1，$Cmc2_1$，其中 *Pa*3 是先前理论提出的黄铁矿型结构，如图 2.25 所示。

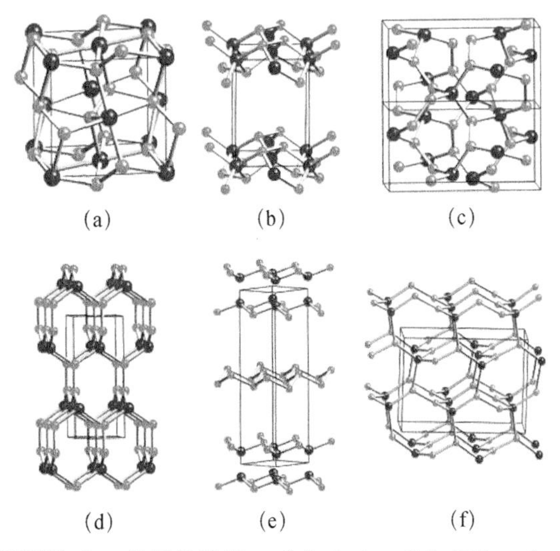

图 2.25　预测的 CN_2 的晶体结构。（a）*Pa*3，（b）$P42_1m$（pc-CN_2），（c）*I*42*d*（bct-CN_2），（d）*I*4*m*2，（e）*P*3*m*1 和（f）$Cmc2_1$

（此图来源于文献[115]）

在这些结构中，具有 N-C-N 层状结构的四方结构 $P42_1m$ 在 27.6 GPa 以下最稳定，而体心四方结构 *I*42*d* 在能量上比其他结构更具优势。计算的焓差值表明，*pc*-CN_2 和 *bct*-CN_2 在零压力下的稳定性分别为 3.661 eV/f.u 和 3.022 eV/f.u。在 *pc*-CN_2 和 *bct*-CN_2 结构中，所有碳原子均为 sp^3 杂化的四面体键，氮原子为三配位键。值得注意的是，*pc*-CN_2 的 N-C-N 三明治结构中 C-N 键长为 1.468 Å，N-N 键长为 1.447 Å。*pc*-CN_2 结构中 N-C-N 夹层之间的距离（3.221 Å）接近石墨的层间距离（3.348 Å）。*pc*-CN_2 结构中相邻夹层间唯一的吸引力是弱范德华相互作用，因此夹层很容易像石墨那样滑动。值得注意的是，*pc*-CN_2 和 *bct*-CN_2 的键长都比金刚石中的 C-C 键短（1.545 Å），这表明 bct-CN_2 可能具有较高的硬度和体积模量。

计算结果表明，bct-CN_2 的体弹模量达到 392 GPa，接近 α-C_3N_4（396 GPa）和 β-C_3N_4（406 GPa）[115]。*Pa*3，bct-CN_2，*Cmc*2_1 和 *I*4*m*2 具有较大的体积模量，说明这些结构由于具有短而强的共价键键合而不易被压缩，而 *P*3*m*1 和 pc-CN_2 由于层状结构其体弹模量较小。

2.2　过渡金属–轻元素化合物

过渡金属和轻元素形成的化合物在寻找新型超硬材料方面也具有非常重要的意义。研究发现，一些过渡族金属的硼化物、碳化物、氮化物和氧化物是潜在的超硬材料，例如 ReB_2[18]、WB_4[1]、RuO_2[116]等，因此这些工作不但为寻找新型超硬材料提供了一条崭新的路径，也为后续超硬材料的理论和实验研究具有重要的指导意义。

1. OsB_4 化合物

自从锇（Os）单质被发现具有极高的体积模量（>395 GPa），它的硼化物、碳化物、氧化物和氮化物的研究一直是人们感兴趣的课题，并期待他们有望成为超硬材料的良好候选材料。实验上确定了不同化学计量比的硼化锇的晶体结构（OsB、Os_2B_3 和 OsB_2）[1,117,118]，并对相关的力学性能进行了研究。研究结果表明，它们都是不可压缩的硬材料。

2008 年，研究发现具有 WB_4 型结构的四硼化锇（OsB_4）是超硬材料[16]，其硬度为 46.2 GPa。然而，这种晶体结构是基于已知的结构信息被提出来的。2012 年，吉林大学张美光教授等人通过基于粒子群优化（PSO）算法的晶体结构预测方法对 OsB_4 进行了晶体结构预测，发现了正交 *Pmmn*（No. 59，*Z*=2）的 OsB_4 结构[119]，它在能量上要优于先前提出的具有 WB_4 结构的 OsB_4。

在结构搜索中采用的是高效的 CALYPSO 晶体结构预测方法[43,44]，在 0 GPa 的压力下，采用 1～4 倍分子式，对 OsB_4 进行了晶体结构预测。结构优化和电子性质计算使用的是 VASP[45]软件包，采用 PAW-PBE 赝势[120]对于 B 原子和 Os 原子，价电子的电子构形分别为 $2s^22p^1$ 和 $4p^65d^66s^2$。为了保证计算的准确性，选用了 520 eV 作为平面波截断能，采用适当的 Monkhorst-Pack *k* 点网格计算焓值，能量收敛度达到了 1 meV/原子。通过超晶胞方法和线性响应理论，使用 PHONOPY[48] 软件包进行晶格动力学计算。单晶弹性常数由小应变产生的应力张量和体模量确定。剪切模量、杨氏模量和泊松比是用 Voigt-Reuss-Hill 近似[49]，采用 Simunek 模型[121]估算了理论维氏硬度。

在常压下，*Pmmn*-OsB_4 结构的晶格常数为 a=7.119 Å，b=2.896 Å，c=4.015 Å，Os 原子占据 $2b$（0，0.5，0.5051）的位置上，B1 和 B2 各自占据 $4f$（0.2017，0，0.3074）和 $4f$（0.3461，0，0.9841）的位置。如图 2.26 所示，每个金属 Os 有 10 个相邻的 B 原子，形成不规则的 OsB_{10} 十二面体。在 OsB_{10} 十二面体中，Os-B 键的间距为 2.188、2.249、2.253 和 2.325 Å。

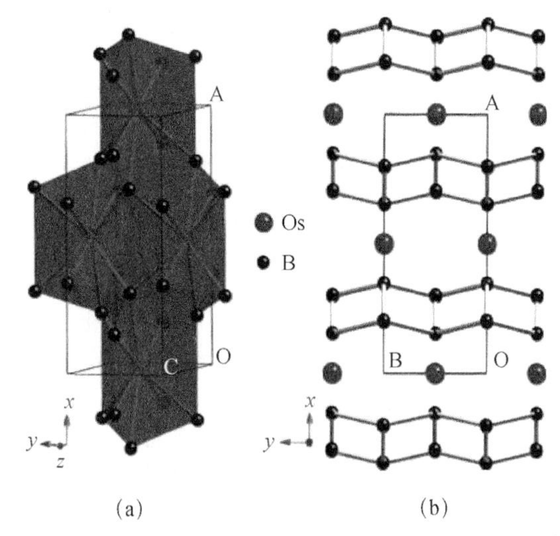

图 2.26　*Pmmn*-OsB_4 的晶体结构（扫描封底二维码可见彩图）
（此图来源于文献[119]）

Pmmn 相的力学性能对于潜在的技术和工业应用具有重要意义。参考文献[119]中列出了常压下 OsB_4、OsB_2、Os_2B_3、OsB、MoB_4、WB_4 的体弹模量、剪切模量、杨氏模量和泊松比的理论值和可用的实验数据。弹性稳定性是晶体稳定的必要条件，对于稳定的正交结构，C_{ij} 满足弹性稳定性准则[122,123]：$C_{11}>0$，$C_{22}>0$，$C_{33}>0$，$C_{44}>0$，$C_{55}>0$，$C_{66}>0$，$C_{11}+C_{22}+C_{33}+2(C_{12}+C_{13}+C_{23})>0$，$(C_{11}+C_{22}-2C_{12})>0$，$(C_{11}+C_{33}-2C_{13})>0$ 和 $(C_{22}+C_{33}-2C_{23})>0$。计算结果表明，*Pmmn*-$OsB_4$ 结构力学稳定，体弹模量计算值为 294 GPa，与 WB_4（304 GPa）和 OsB_2（348 GPa）的数

值接近，剪切模量为 218 GPa。此外，材料中键合的相对方向性对其硬度也有重要影响，可由 G/B 比值来确定。*Pmmn*-OsB_4 的 G/B 比值为 0.741，表明 Os 和 B 原子之间方向的键较强。因此，通过以上的力学性质可以看出，*Pmmn*-OsB_4 是一种是潜在的硬性材料。

2. ZrB_4

超硬材料由于其优异的力学性能，在工业上被广泛应用于磨削、抛光、切割、钻孔工具和表面保护涂层等领域[124-126]。过渡金属 Re，W 和 Cr 的硼化物的成功合成为寻找新的超硬材料开辟了一条新的途径[1,127-131,141]。特别是超硬材料四硼化物，如 WB_4[129,130]和 CrB_4[1,131]，其硬度值可达到 43 GPa。ZrB_{12} 具有多种良好的性能，如高温超导性和相对较高的硬度[132,133]。ZrB_2 是一种超高温陶瓷，熔点为 3246℃，同时具有 29 GPa 的高硬度和良好的高温强度[134]，是高温航空航天应用的良好候选材料之一，可以应用于高超声速飞机或火箭发动推进系统。

2013 年，燕山大学的张新宇教授利用基于粒子群优化算法(PSO)的 CALYPSO 晶体结构预测方法并结合第一性原理计算，在常压下对 ZrB_4 的基态结构进行了系统地研究[135]。通过 PSO 运算，选取每一代中 60%焓值较低的结构生成下一代的结构，并随机生成新一代中的其他结构，以增加结构多样性。结构优化和电子性质计算使用的是 VASP 软件包[45]，采用的是 PAW-PBE 赝势[120]。为了保证计算的准确性，选用了 600 eV 作为平面波截断能，在随后的几何优化过程中，原子受力收敛到小于 1 meV/原子。通过超晶胞方法理论，使用 PHONOPY[48]软件包进行晶格动力学计算。利用 Voigt-Reuss-Hill[49]近似计算了材料的体积弹性模量、剪切模量、杨氏模量和泊松比。

该工作找到了 2 个能量较低的正交结构，空间群分别为 *Cmcm* 和 *Amm*2[135]。正交 *Cmcm*-ZrB_4 的晶格常数为 a=5.376 Å，b=3.145 Å 和 c=10.466 Å，Zr 原子占据在 16f（0，0.9194，0.75）的位置上，B 原子占据在 4c（0.1695，0.3749，0.5776）的位置上。正交 *Amm*2-ZrB_4 的晶格常数为 a=10.284 Å，b=5.394 Å，c=3.168 Å，Zr 原子占据在 8f（0.3461，0.6689，0.2655）的位置上，B 原子占据在 4c（0.8289，0.5，0.7469），4e（0.5，0.3374，0.9792）和 4d（0，0.3332，0.2486）的位置上，如图 2.27 所示。从图中可以看到 *Cmcm* 和 *Amm*2 结构分别沿 c 轴和 a 轴呈 B–Zr–B 的三明治型堆叠顺序。在这两种结构中，B 原子形成平行的正六边形平面，

每个金属 Zr 有 12 个相邻的 B 原子，在 *Cmcm*-ZrB_4 和 *Amm*2-ZrB_4 结构中分别形成由边缘连接的 ZrB_{12} 六角柱形和硼六角形平面。*Cmcm* 结构中的 B-B 键包含了 5 种不同的键距分别为 d_1=1.815 Å，d_2=1.829 Å，d_3=1.831 Å，d_4=1.849 Å，d_5=1.759 Å，其中 ZrB_{12} 六角柱形中平面蜂窝状晶格内的两种 B-B 键分别标记为 d_1 和 d_2，d_3 表示硼六边形平面间的 B-B 键，在连接的硼六边形平面内的另外两种类型的 B-B 键分别标记为 d_4 和 d_5，*Amm*2-ZrB_4 结构中有三种不同的键合类型 d_1=1.801 Å，d_2=1.829 Å，d_3=1.811 Å，与 WB_4 中 d_1=1.810 Å，d_2=1.749 Å，d_3=1.709 Å 的值相近。

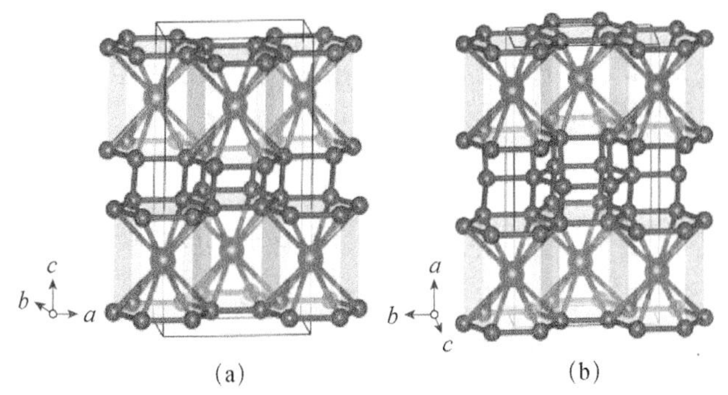

图 2.27　（a）*Cmcm* 和（b）*Amm*2 结构的多面体图，
大球和小球分别代表 Zr 和 B 原子（扫描封底二维码可见彩图）
（此图来源于文献[135]）

常压下声子谱曲线发现，在整个布里渊区内没有出现虚频现象，说明 *Cmcm*-ZrB_4 和 *Amm*2-ZrB_4 结构的动力学性质稳定。此工作还在 0～100 GPa 压力范围内比较了不同 ZrB_4 结构相对于 *Amm*2-ZrB_4 的生成焓。研究结果表明，在整个压力范围内，这两种预测结构的焓值非常相似，并且在能量上要优于先前提出的 WB_4-、CrB_4-和 MoB_4-型 ZrB_4 结构。值得注意的是，*Cmcm*-ZrB_4 相对于 *Amm*2-ZrB_4 的焓差在常压下仅为 22.7 meV/f.u.，在 100 GPa 时随压力线性增加至 131.2 meV。为了探索不同 ZrB_4 结构的热力学稳定性，以指导未来的实验合成，采用 $\Delta H=H(ZrB_4)-H(Zr)-4H(B)$ 的反应路线，考察了预测的 *Cmcm*-ZrB_4 和 *Amm*2-ZrB_4 结构的生成焓。根据 Zr 和 B 的相图，选择 Zr（0～5 GPa; -Zr，5～30 GPa; *w*-Zr，30～100 GPa; *β*-Zr）和硼（0～19 GPa; *α*-B，19～89 GPa; *γ*-B、89～100 GPa、*α*-Ga-B）的几种不同结构的相作为参考相。获得 *Cmcm*-ZrB_4 的形成焓为−2.33 eV/f.u.，*Amm*2-ZrB_4 的形成焓为−2.36 eV/f.u.，表明这两个结构都是热力学稳定的。与 *Cmcm*-、*Amm*2-、WB_4-和 MoB_4-相比，CrB_4-的生成焓为 0.30 eV/f.u.，热力学不稳定。因此，*Cmcm*-ZrB_4和*Amm*2-ZrB_4在常压下有可能被合成，这对未来ZrB_4的实验合成是具有一定的指导作用。

对于稳定的正交结构，C_{ij}满足弹性稳定性准则[136]：$C_{11}>0$，$C_{22}>0$，$C_{33}>0$，$C_{44}>0$，$C_{55}>0$，$C_{66}>0$，$C_{11}+C_{22}+C_{33}+2（C_{12}+C_{13}+C_{23}）>0$，$（C_{11}+C_{22}-2C_{12}）>0$，$（C_{11}+C_{33}-2C_{13}）>0$，$（C_{22}+C_{33}-2C_{23}）>0$。*Cmcm*-$ZrB_4$和*Amm*2-$ZrB_4$的弹性常数均满足上述准则。*Amm*2-$ZrB_4$的体弹模量和剪切模量分别为241 GPa和229 GPa，*Cmcm*-ZrB_4的体弹模量和剪切模量分别为236 GPa和226 GPa，与WB_4[1,16,129]、CrB_4[131]、FeB_4[131,137]和B_6O[15,138,139]的实验结果相近，表明它们具有较强的抗压能力。

采用同样的方法计算了立方ZrB（NaCl型）、六角形ZrB_2和立方ZrB_{12}（UB_{12}型）三种已知ZrB化合物的体模量和剪切模量。值得注意的是，两种设计的ZrB_4的体积模量和剪切模量在这些化合物中都是最大的，远远大于ZrB（B=160 GPa，G=101 GPa），略大于ZrB_2（B=238 GPa，G=216 GPa）和ZrB_{12}（B=233 GPa，G=204 GPa），表明ZrB_4在Zr-B体系中是一种潜在的超硬材料。此外，B/G比值可以反映材料的延展性或脆性，高的B/G比与延性有关，而低的值对应于脆性，临界值在1.75左右，这将延展性和脆性材料分开。*Cmcm*和*Amm*2-ZrB_4的G/B比值与B_6O相近，分别为1.05和1.04。应用硬度模型计算出*Cmcm*-ZrB_4和*Amm*2-ZrB_4的硬度分别为42.6 GPa和42.8 GPa，与B_6O的硬度（45 GPa）相当。此外，计算的电子态密度和电荷密度分布表明，强共价B-B键和Zr-B键是决定*Cmcm*-ZrB_4和*Amm*2-ZrB_4的不可压缩性和硬度的主要因素，这些研究发现对于超硬材料的理论设计和实验研究具有重要意义。

3. FeB_4

金属硼化物具有高硬度、高熔点、良好的热导率和化学稳定性等优良的特性，在工业上具有广泛的应用前景。过渡金属通常具有较高的价电子密度，硼容易形成强共价键，使价电子局域化，因此，过渡金属硼化物作为潜在的超硬材料受到广泛地关注。

燕山大学何巨龙教授的课题组利用基于粒子群算法的结构预测方法在0～100 GPa压力范围内搜索了FeB_4的晶体结构[140]。研究发现，在0和50 GPa时，*oP*10- FeB_4是最稳定的结构，与之前所获得的结构是一致的[137,141,142]，表明该结构预测方法的准确可靠性。在100 GPa时，发现了一个新的四方*tP*10-FeB_4的晶体结构，如图 2.28 所示，此结构在能量上优于正交的 *oP*10-FeB_4 结构。在常压下，*tP*10-FeB_4 的晶格参数为 a=3.638 Å，c=5.159 Å，Fe 原子占据 2*b*（0，0，0.5）的位置，而 B 原子占据 8*g*（0.250，0.5，0.628）的位置。*tP*10-FeB_4 中的每个 Fe 原子都被 12 个 B 原子包围，这与 *oP*10-FeB_4 结构相似。在 *oP*10-FeB_4 中，B 原子的配位数为 7 和 8，而在 *tP*10-FeB_4 中配位数为 7。一般来说，金属硼化物中的 B 原子存在于链状、双链状、二维平面或弯曲的类石墨层，或三维网状结构，这取决于硼的含量。在 t*P*10-FeB_4 晶体中，B 原子形成硼四面体。

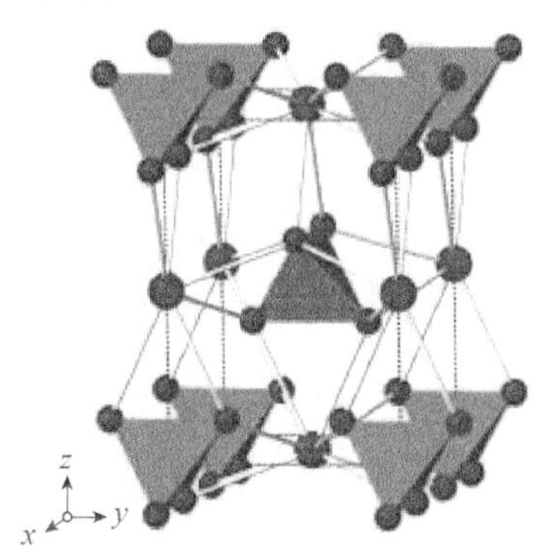

图 2.28　*tP*10-FeB_4 的晶体结构（扫描封底二维码可见彩图）
（红色大球和绿色小球的原子分别代表 Fe 和 B 原子。此图来源于文献[140]）

通过 *tP*10-FeB_4 与实验合成的 *oP*10-FeB_4 的焓值比较，可以验证 *tP*10-FeB_4 的热力学稳定性。在 65.9 GPa 以上，*tP*10-FeB_4 在能量上要优于 *oP*10-FeB4。因此，在此压力下，可能会发生 *oP*10-FeB_4 到 *tP*10-FeB_4 的相变。相变伴随着约 4.1%的体积下降，表明相变是一阶的。

对于力学稳定的四方结构，C_{ij} 满足弹性稳定性准则[123]：$C_{11}>0$，$C_{33}>0$，$C_{44}>0$，$C_{66}>0$，$(C_{11}-C_{12})>0$，$(C_{11}+C_{33}-2C_{13})>0$，$2(C_{11}+C_{12})+C_{33}+4C_{13}>0$。*tP*10-$FeB_4$ 的弹性常数满足上述准则，表明 *tP*10-FeB_4 结构的力学稳定。为了进一步确定 t*P*10-FeB_4 是否是一种潜在的超硬材料，应用共价固体硬度显微模型计算了其维氏硬度值，该模型可由下式计算[113]：$Hv(GPa)=AN_e^{2/3}d^{-2.5}\mathrm{e}^{-1.191f_i-32.2f_m^{0.55}}$。$N_e$ 是电子密度，d 是键长，f_m 是一个金属性的影响因素，f_i 是 Phillips 电离能。*tP*10-FeB_4 的硬度值为 45.4 GPa，说明 *tP*10-FeB_4 是潜在的超硬材料。

通过应用高效的 CALYPSO 晶体结构预测方法，发现了新的四方 $P4_2/nmc$-FeB_4 结构。该预测方法已成功地应用了许多其他体系，说明了该方法的准确可靠性。与 $oP10$-FeB_4 不同，$tP10$-FeB_4 是一种半导体。电子性质分析表明，$tP10$-FeB_4 是由 Fe-B-B 三中心极性共价键和 B-B 两中心共价键组成。在 $tP10$-FeB_4 中非金属共价键和高密度是其优异力学性能的主要原因，需要进一步的实验来证实这种新相的存在和性质。这些研究的发现对于超硬材料的理论设计和实验研究具有重要意义。

参 考 文 献

[1] Gu Q，Krauss G，Steurer W. Transition metal borides：Superhard versus ultra-incompressible [J]. Advanced Materials，2008，20（19）：3620-3626.

[2] Solozhenko V L，Kurakevych O O，Andrault D，et al. Ultimate metastable solubility of boron in diamond：Synthesis of superhard diamondlike BC_5 [J]. Physical Review Letters，2009，102（1）：015506.

[3] Zinin P V，Ming L C，Ishii H A，et al. Phase transition in BC_x system under high-pressure and high-temperature：Synthesis of cubic dense BC_3 nanostructured phase [J]. Journal of Applied Physics，2012，111（11）：114905.

[4] Li Q，Ma Y，Oganov A R，et al. Superhard monoclinic polymorph of carbon [J]. Physical Review Letters.，2009，102（17）：175506.

[5] Zhang M，Liu H，DuY，et al. Orthorhombic C_{32}：A novel superhard sp^3carbon allotrope [J]. Physical Chemistry Chemical Physics，2013，15（33）：14120-14125.

[6] Zhang M.，Liu H，Li Q，et al. Superhard BC_3 in cubic diamond structure [J]. Physical Review Letters，2015，114（1）：015502.

[7] Liu Z，He J，Yang J，et al. Prediction of a sandwichlike conducting superhard boron carbide：First-principles calculations [J]. Physical Review B，2006，73（17），172101.

[8] Liu H，Li Q，Zhu L，et al. Superhard and superconductive polymorphs of diamond-like BC_3 [J]. Physics Letters A，2011，375（3）：771-774.

[9] Li Q，Wang H，Tian Y，et al. et al. Superhard and superconducting structures of BC_5 [J]. Journal of Applied Physics，2010，108（2）：023507.

[10] Liang Y，Zhang W，Zhao J，et al. Superhardness，stability，and metallicity of diamondlike BC_5：Density functional calculations [J]. Physical Review B，2009，80（11）：113401.

[11] Lazar P，Podloucky R . Mechanical properties of superhard BC_5 [J].Applied Physics Letters，

2009，94（25）：251904.

[12]Li Q，Wang M，Oganov A R，et al. Rhombohedral superhard structure of BC_2N [J]. Journal of Applied Physics，2009，105（5）：053514.

[13]Zhou X F，Sun J，Qian Q R，et al. A tetragonal phase of superhard BC_2N [J]. Journal of Applied Physics，2009，105（9）：093521.

[14]Zhang Y，Sun H，Chen C. Superhard cubic BC_2N compared to diamond [J]. Physical Review Letters，2004，93（19）：195504.

[15]He D，Zhao Y，Daemen L，et al. Boron suboxide：As hard as cubic boron nitride [J]. Applied Physics Letters，2002，81（4）：643-645.

[16]Wang M，Li Y，Cui T，et al.Origin of hardness in WB_4 and its implications for ReB_4，TaB_4，MoB_4，TcB_4，and OsB_4 [J]. Applied Physics Letters，2008，93（10）：101905.

[17]Cumberland R W，Weinberger M B，Gilman J J，etal. Osmium diboride，an ultra-incompressible，hard material [J]. Journal of the American Chemical Society，2005，127（20）：7264-7265.

[18]Chung H Y，Weinberger M B，Levine J B，et al.Synthesis of ultra-incompressible superhard rhenium diboride at ambient pressure [J]. Science，2007，316（5823）：436-439

[19]Wang J T，Chen C，Kawazoe Y. Low-temperature phase transformation from Graphite to sp^3 Orthorhombic Carbon [J]. Physical Review Letters，2011，106（7）：075501

[20]Umemoto K，Wentzcovitch R M，Saito S，et al. Body-centered tetragonal C_4: A viable sp^3 carbon allotrope [J]. Physical Review Letters，2010，104（12）：125504

[21]Li D，Bao K，Tian F，et al. Lowest enthalpy polymorph of cold-compressed graphite phase [J]. Physical Chemistry Chemical Physics，2012，14（13）：4347-4350.

[22]Zhao Z，Xu B，Zhou X F，et al. Novel superhard carbon：C-centered orthorhombic C_8 [J]. Physical Review Letters，2011，107（21）：215502.

[23]Oganov A R，Glass C W. Crystal structure prediction using ab initio evolutionary techniques: Principles and applications [J]. Journal of Chemical Physics，2006，124（24）：244704.

[24]Zhu Q，Zeng Q，Oganov A R. Systematic search for low-enthalpy sp^3 carbon allotropes using evolutionary metadynamics [J]. Physical Review B，2012，85（20）：201407.

[25]Niu H，Chen X Q，Wang S，et al. Families of superhard crystalline carbon allotropes constructed via cold compression of graphite and nanotubes [J]. Physical Review Letters，2012，108（13）：135501

[26] He C，Sun L，Zhang C，et al. New superhard carbon phases between graphite and diamond［J］. Solid State Communications，2012，152（16）：1560-1563.

[27] Wang J T，Chen C，Kawazoe Y. Phase conversion from graphite toward a simple monoclinic sp^3-carbon allotrope［J］. The Journal of Chemical Physics，2012，137（2）：024502.

[28] Wang J T，Chen C，Kawazoe Y. Orthorhombic carbon allotrope of compressed graphite：Ab initio calculations［J］. Physical Review B，2012，85（3）：033410.

[29] Selli D，Baburin I A，Martoňák R，et al. Superhard sp^3 carbon allotropes with odd and even ring topologies［J］. Physical Review B，2011，84（16）：161411.

[30] Tian F，Dong X，Zhao Z，et al. Superhard F-carbon predicted by ab initio particle-swarm optimization methodology［J］. Journal of Physics：Condensed Matter，2012，24（16）：165504.

[31] Zhao Z，Tian F，Dong X，et al. Tetragonal allotrope of group 14 elements［J］. Journal of the American Chemical Society，2012，134（30）：12362-12365.

[32] Amsler M，Flores-Livas J A，Lehtovaara L，et al. Crystal structure of cold compressed graphite［J］. Physical Review Letters，2012，108（6）：065501.

[33] He C，Sun L，Zhang C，et al. Four superhard carbon allotropes：A first-principles study［J］. Physical Chemistry Chemical Physics，2012，14（23）：8410-8414.

[34] Zhou X F，Qian G R，Dong X，et al. Ab initio study of the formation of transparent carbon under pressure［J］. Physical Review B，2010，82（13）：134126.

[35] He C，Sun L，Zhang C，et al. Two viable three-dimensional carbon semiconductors with an entirely sp^2 configuration［J］. Physical Chemistry Chemical Physics，2013，15（2）：680-684.

[36] He C，Sun L Z，Zhong J. Prediction of superhard carbon allotropes from the segment combination method［J］. Journal of Superhard Materials，2012，34（6）：386-399.

[37] Zhao Z S，Zhou X F，Hu M，et al. High-pressure behaviors of carbon nanotubes［J］. Journal of Superhard Materials，2012，34（6）：371-385.

[38] Glass C W，Oganov A R，Hansen N. USPEX—evolutionary crystal structure prediction［J］. Computer Physics Communications，2006，175（11-12）：713-720.

[39] Šimůnek A，Vackář J. Hardness of covalent and ionic crystals：First-principle calculations［J］. Physical Review Letters，2006，96（8）：085501.

[40] Brazhkin V，Dubrovinskaia N，Nicol M，et al. From our reader：What does harder than diamond'mean［J］. Nature Materials，2004，3（9）：576-577.

[41] Occelli F，Loubeyre P，LeToullec R. Properties of diamond under hydrostatic pressures up to 140 GPa[J]. Nature Materials，2003，2（3）：151-154.

[42] Goncharov A F，Crowhurst J C，Dewhurst J K，et al. Thermal equation of state of cubic boron nitride: Implications for a high-temperature pressure scale[J]. Physical Review B，2007，75(22)：224114.

[43] Wang Y，Lv J，Zhu L，et al. Crystal structure prediction via particle- swarm optimization [J]. Physical Review B，2010，82（9）：094116.

[44] Wang Y，Lv J，Zhu L，et al. CALYPSO：A method for crystal structure prediction [J]. Computer Physics Communications，2012，183（10）：2063-2070.

[45] Kresse G，Furthmüller J. Efficient iterative schemes for ab initio total-energy calculations using a plane-wave basis set[J]. Physical Review B，1996，54（16）：11169.

[46] Blöchl P E. Projector augmented-wave method [J]. Physical Review B，1994，50（24）：17953.

[47] Togo A，Oba F，Tanaka I. Transition pathway of CO_2 crystals under high pressures [J]. Physical Review B，2008，77（18）：184101.

[48] Togo A，Oba F，Tanaka I. First-principles calculations of the ferroelastic transition between rutile-type and $CaCl_2$-type SiO_2 at high pressures [J]. Physical Review B，2008，78(13)：134106.

[49] Hill R. The elastic behavior of crystalline aggregate [J]. Proceedings of the Physical Society Section A，1952，65（5）：349.

[50] Segall M D，Lindan P J D，Probert M J，et al. First-principles simulation：Ideas，illustrations and the CASTEP code [J]. Journal of Physics：Condensed Matter，2002，14（11）：2717.

[51] Becke A D，Edgecombe K E. A simple measure of electron localization in atomic and molecular systems [J]. The Journal of Chemical Physics，1990，92（9）：5397-5403.

[52] Jensen F，Toftlund H. Structure and stability of C_{24} and $B_{12}N_{12}$ isomers [J]. Chemical Physics Letters，1993，201（1-4）：89-96.

[53] Wang Y，Miao M，Lv J，et al. An effective structure prediction method for layered materials based on 2D particle swarm optimization algorithm[J]. The Journal of Chemical Physics，2012，137（22）：224108.

[54] Gao F，He J，Wu E，et al. Hardness of covalent crystals [J]. Physical Review Letters，2003，91（1）：015502.

[55] Tian Y，Xu B，Zhao Z. Microscopic theory of hardness and design of novel superhard crystals [J].

International Journal of Refractory Metals and Hard Materials，2012，33：93-106.

[56]He J，Wu E，Wang H，et al. Ionicities of boron-boron bonds in B_{12} icosahedra [J]. Physical Review Letters，2005，94（1）：015504.

[57]Yano T，Popa E，Tryk D A，et al. Electrochemical behavior of highly conductive boron-doped diamond electrodes for oxygen reduction in acid solution [J]. Journal of the Electrochemical Society，1999，146（3）：1081.

[58]Isberg J，Hammersberg J，Johansson E，et al. High carrier mobility in single-crystal plasma-deposited diamond [J]. Science，2002，297（5587）：1670-1672.

[59]Novikov N V. Synthesis of superhard materials [J]. Journal of Materials Processing Technology，2005，161（1-2）：169-172.

[60]Ekimov E A，Sidorov V A，Bauer E D，et al. Superconductivity in diamond [J]. Nature，2004，428（6982）：542-545.

[61]Mikhaylushkin A S，Zhang X，Zunger A. Crystal structures and metastability of carbon-boron compunds C_3B and C_5B [J]. Physical Review B，2013，87（9）：094103.

[62]Perdew J P，Burke K，Ernzerhof M. Generalized gradient approximation made simple [J]. Physical Review Letters，1996，77（18）：3865.

[63]Giannozzi P，Baroni S，Bonini N，et al. Quantum espresso：a modular and open-source software project for quantum simulations of materials [J]. Journal of Physics：Condensed Matter，2009，21（39）：395502.

[64]He J，Guo L，Guo X，et al. Predicting hardness of dense C_3N_4 polymorphs [J]. Applied Physics Letters，2006，88（10）：101906.

[65]Zunger A，Wei S H，Ferreira L G，et al. Special quasirandom structures [J]. Physical Review Letters，1990，65：353.

[66]Wei S H，Ferreira L G，Bernard J E，et al. Electronic properties of random alloys：Special quasirandom structures [J]. Physical Review B，1990，42（15）：9622.

[67]Xu Y，Zhang L，Cui T，et al. First-principles study of the lattice dynamics，thermodynamic properties and electron-phonon coupling of YB_6 [J]. Physical Review B，2007，76（21）：214103.

[68]Sundaram V S，Farrell B，Alben R S，et al. Order-Disorder transformation at the {100} surface of Cu_3Au [J]. Physical Review Letters，1973，31（18）：1136.

[69]Hashimoto T，Miyoshi T，Ohtsuka H. Investigation of the relaxation process in the Cu_3Au-alloy

order-disorder phase transition near the transition point [J]. Physical Review B，1976，13（3）：1119.

[70]Howie R T，Guillaume C L，Scheler T，et al. Mixed molecular and atomic phase of dense hydrogen [J]. Physical Review Letters，2012，108（12）：125501.

[71]Pickard C J，Needs R J. Structure of phase III of solid hydrogen [J]. Nature Physics，2007，3（7）：473-476.

[72]Liu H，Cui W，Ma Y. et al. Hybrid functional study rationalizes the simple cubic phase of calcium at high pressures [J]. Journal of Chemical Physics，2012，137：074501.

[73]Howie R T，Scheler T，Guillaume C L，et al. Proton tunneling in phase IV of hydrogen and deuterium [J]. Physical Review B，2012，86（21）：214104

[74]Zhang Y，Sun H，Chen C. Structural deformation，strength，and instability of cubic BN compared to diamond：A first-principles study [J]. Physical Review B，2006，73（14）：144115.

[75]Zhang Y，Sun H，Chen C. Atomistic deformation modes in strong covalent solids [J]. Physical Review Letters，2005，94（14）：145505.

[76]Paine R T，Narula C K. Synthetic routes to boron nitride[J]. Chemical Reviews，1990，90（1）：73-91.

[77]Mirkarimi P B，McCarty K F，Medlin D L. Review of advances in cubic boron nitride film synthesis[J]. Materials Science and Engineering：R：Reports，1997，21（2）：47-100.

[78]Bundy F P，Wentorf Jr R H. Direct transformation of hexagonal boron nitride to denser forms[J]. The Journal of Chemical Physics，1963，38（5）：1144-1149.

[79]Golberg D，Bando Y，Stéphan O，et al. Octahedral boron nitride fullerenes formed by electron beam irradiation[J]. Applied Physics Letters，1998，73（17）：2441-2443.

[80]Chopra N G，Luyken R J，Cherrey K，et al. Boron nitride nanotubes[J]. Science，1995，269（5226）：966-967.

[81]Komatsu S. New type of BN nanoparticles and films prepared by synergetic deposition processes using laser and plasma：the nanostructures，properties and growth mechanisms[J]. Journal of Physics D：Applied Physics，2007，40（8）：2320.

[82]Hamilton E J M，Dolan S E，Mann C M，et al. Preparation of amorphous boron nitride and its conversion to a turbostratic，tubular form[J]. Science，1993，260（5108）：659-661.

[83]Wen B，Zhao J，Melnik R，et al. Body-centered tetragonal B_2N_2：A novel sp^3 bonding boron

nitride polymorph[J]. Physical Chemistry Chemical Physics，2011，13（32）：14565-14570.

[84]He C，Sun L，Zhang C，et al. Z-BN：A novel superhard boron nitride phase[J]. Physical Chemistry Chemical Physics，2012，14（31）：10967-10971.

[85]Jiang X，Zhao J，Ahuja R. A novel superhard BN allotrope under cold compression of h-BN[J]. Journal of Physics：Condensed Matter，2013，25（12）：122204.

[86]Wang H，Li Q，Cui T，et al. Phase-transition mechanism of h-BN→w-BN from first principles[J]. Solid State Communications，2009，149（21-22）：843-846.

[87]Li Z，Gao F. Structure，bonding，vibration and ideal strength of primitive-centered tetragonal boron nitride[J]. Physical Chemistry Chemical Physics，2012，14（2）：869-876.

[88]Zhang X，Wang Y，Lv J，et al. First-principles structural design of superhard materials[J]. The Journal of Chemical Physics，2013，138（11）：114101.

[89]Zhang Z，Lu M，Zhu L，et al. Orthorhombic BN：A novel superhard sp^3 boron nitride allotrope[J]. Physics Letters A，2014，378（9）：741-744.

[90]Niu H，Wei P，Sun Y，et al. Electronic，optical，and mechanical properties of superhard cold-compressed phases of carbon[J]. Applied Physics Letters，2011，99（3）：031901.

[91]Liu A Y，Cohen M L. Prediction of new low compressibility solids[J]. Science，1989，245(4920)：841-842.

[92]Cohen M L. Calculation of bulk moduli of diamond and zinc-blende solids[J]. Physical Review B，1985，32（12）：7988.

[93]Liu A Y，Cohen M L. Structural properties and electronic structure of low-compressibility materials：β-Si_3N_4 and hypothetical β-C_3N_4[J]. Physical Review B，1990，41（15）：10727.

[94]Goglio G，Foy D，Demazeau G. State of Art and recent trends in bulk carbon nitrides synthesis[J]. Materials Science and Engineering：R：Reports，2008，58（6）：195-227.

[95]Marton D，Boyd K J，Al-Bayati A H，et al. Carbon nitride deposited using energetic species：a two-phase system[J]. Physical Review Letters，1994，73（1）：118.

[96]Niu C，Lu Y Z，Lieber C M. Experimental realization of the covalent solid carbon nitride[J]. Science，1993，261（5119）：334-337.

[97]Yu K M，Cohen M L，Haller E E，et al. Observation of crystalline C_3N_4[J]. Physical Review B，1994，49（7）：5034.

[98]Sjöström H，Stafström S，Boman M，et al. Superhard and elastic carbon nitride thin films having

fullerenelike microstructure[J]. Physical Review Letters，1995，75（7）：1336.

[99] Wixom M R. Chemical preparation and shock wave compression of carbon nitride precursors[J]. Journal of the American Ceramic Society，1990，73（7）：1973-1978.

[100] Montigaud H，Tanguy B，Demazeau G，et al. C_3N_4：Dream or reality？ Solvothermal synthesis as macroscopic samples of the C_3N_4 graphitic form[J]. Journal of Materials Science，2000，35（10）：2547-2552.

[101] Peng Y，Ishigaki T，Horiuchi S. Cubic C_3N_4 particles prepared in an induction thermal plasma[J]. Applied Physics Letters，1998，73（25）：3671-3673.

[102] Cao C B，Lv Q，Zhu H S. Carbon nitride prepared by solvothermal method[J]. Diamond and Related Materials，2003，12（3-7）：1070-1074.

[103] Zhang Z，Leinenweber K，Bauer M，et al. High-pressure bulk synthesis of crystalline $C_6N_9H_3$ ⊙ HCl：A novel C_3N_4 graphitic derivative[J]. Journal of the American Chemical Society，2001，123（32）：7788-7796.

[104] Hart J N，Claeyssens F，Allan N L，et al. Carbon nitride：Ab initio investigation of carbon-rich phases[J]. Physical Review B，2009，80（17）：174111.

[105] Mo S D，Ouyang L，Ching W Y，et al. Interesting physical properties of the new spinel phase of Si_3N_4 and C_3N_4[J]. Physical Review Letters，1999，83（24）：5046.

[106] Teter D M，Hemley R J. Low-compressibility carbon nitrides[J]. Science，1996，271（5245）：53-55.

[107] Gao F. Theoretical model of intrinsic hardness[J]. Physical Review B，2006，73（13）：132104.

[108] Teter D M. Computational alchemy：The search for new superhard materials[J]. MRS Bulletin，1998，23（1）：22-27.

[109] Zhang Y，Sun H，Chen C. Ideal tensile and shear strength of β-C_3N_4 from first-principles calculations[J]. Physical Review B，2007，76（14）：144101.

[110] Zhang Y，Sun H，Chen C. Strain dependent bonding in solid C_3N_4：High elastic moduli but low strength[J]. Physical Review B，2006，73（6）：064109..

[111] Li Q，Wang H，Ma Y M. Predicting new superhard phases[J]. Journal of Superhard Materials，2010，32（3）：192-204.

[112] Liu Z，Han X，Yu D，et al. Formation，structure，and electric property of CaB_4 single crystal synthesized under high pressure[J]. Applied Physics Letters，2010，96（3）：031903.

[113]Guo X，Li L，Liu Z，et al. Hardness of covalent compounds：Roles of metallic component and d valence electrons[J]. Journal of Applied Physics，2008，104（2）：023503.

[114]Zhao Z，Cui L，Wang L M，et al. Bulk Re_2C：Crystal structure，hardness，and ultra-incompressibility[J]. Crystal Growth & Design，2010，10（12）：5024-5026.

[115]Li Q，Liu H，Zhou D，et al. A novel low compressible and superhard carbon nitride：Body-centered tetragonal CN_2[J]. Physical Chemistry Chemical Physics，2012，14（37）：13081-13087.

[116]Tse J S，Klug D D，Uehara K，et al. Elastic properties of potential superhard phases of RuO_2[J]. Physical Review B，2000，61（15）：10029.

[117]Kaner R B，Gilman J J，Tolbert S H. Designing superhard materials[J]. Science，2005，308（5726）：1268-1269.

[118]Hebbache M，Zemzemi M. Ab initio study of high-pressure behavior of a low compressibility metal and a hard material：Osmium and diamond[J]. Physical Review B，2004，70(22)：224107.

[119]Zhang M，Yan H，Zhang G，et al. Ultra-incompressible orthorhombic phase of osmium tetraboride（OsB_4）predicted from first principles[J]. The Journal of Physical Chemistry C，2012，116（6）：4293-4297.

[120]Kresse，G.；Joubert，D. From ultrasoft pseudopotentials to the projector augmented-wave method[J].Physical Review B，1999，59，1758-1775.

[121]Šimůnek A. How to estimate hardness of crystals on a pocket calculator[J]. Physical Review B，2007，75（17）：172108.

[122]Watt J P. Hashin - Shtrikman bounds on the effective elastic moduli of polycrystals with orthorhombic symmetry[J]. Journal of Applied Physics，1979，50（10）：6290-6295.

[123]Wu Z，Zhao E，Xiang H，et al. Crystal structures and elastic properties of superhard IrN_2 and IrN_3 from first principles[J]. Physical Review B，2007，76（5）：054115.

[124]Sung C M，Sung M. Carbon nitride and other speculative superhard materials[J]. Materials Chemistry and Physics，1996，43（1）：1-18.

[125]Haines J，Leger J M，Bocquillon G. Synthesis and design of superhard materials[J]. Annual Review of Materials Research，2001，31（1）：1-23.

[126]Zhao E，Meng J，Ma Y，et al. Phase stability and mechanical properties of tungsten borides from first principles calculations[J]. Physical Chemistry Chemical Physics，2010，12（40）：

13158-13165.

[127]Qin J, He D, Wang J, et al. Is rhenium diboride a superhard material? [J]. Advanced Materials, 2008, 20 (24): 4780-4783.

[128]Chen Y, He D, Qin J, et al. Ultrahigh-pressure densification of nanocrystalline WB ceramics[J]. Journal of Materials Research, 2010, 25 (4): 637-640.

[129]Liu C, Peng F, Tan N, et al. Low-compressibility of tungsten tetraboride: A high pressure X-ray diffraction study[J]. High Pressure Research, 2011, 31 (2): 275-282.

[130]Mohammadi R, Lech A T, Xie M, et al. Tungsten tetraboride, an inexpensive superhard material[J]. Proceedings of the National Academy of Sciences, 2011, 108 (27): 10958-10962.

[131]Niu H, Wang J, Chen X Q, et al. Structure, bonding, and possible superhardness of CrB_4[J]. Physical Review B, 2012, 85 (14): 144116.

[132]Belogolovskii M, Felner I, Shaternik V. Zirconium dodecaboride, a novel superconducting material with enhanced surface characteristics[J]. NATO Science for Peace and Security Series B: Physics and Biophysics, 2011: 195-206.

[133]Paderno Y B, Adamovskii A A, Lyashchenko A B, et al. Zirconium Dodecaboride-based cutting material[J]. Powder Metallurgy and Metal Ceramics, 2004, 43 (9): 546-548.

[134]Bsenko L, Lundström T. The high-temperature hardness of ZrB_2 and HfB_2[J]. Journal of the Less Common Metals, 1974, 34 (2): 273-278.

[135]Zhang X, Qin J, Sun X, et al. First-principles structural design of superhard material of ZrB_4[J]. Physical Chemistry Chemical Physics, 2013, 15 (48): 20894-20899.

[136]Beckstein O, Klepeis J E, Hart G L W, et al. First-principles elastic constants and electronic structure of α- Pt_2Si and PtSi[J]. Physical Review B, 2001, 63 (13): 134112.

[137]Gou H, Dubrovinskaia N, Bykova E, et al. Discovery of a superhard iron tetraboride superconductor[J]. Physical Review Letters, 2013, 111 (15): 157002.

[138]Lu Y P, He D W. Structure and elastic properties of boron suboxide at 240 GPa[J]. Journal of Applied Physics, 2009, 105 (8): 083540.

[139]He D, Shieh S R, Duffy T S. Strength and equation of state of boron suboxide from radial X-ray diffraction in a diamond cell under nonhydrostatic compression[J]. Physical Review B, 2004, 70 (18): 184121.

[140]Wang Q, Zhang Q, Hu M, et al. A semiconductive superhard FeB_4 phase from first-principles

calculations[J]. Physical Chemistry Chemical Physics，2014，16（40）：22008-22013.

[141]Kolmogorov A N，Shah S，Margine E R，et al. New superconducting and semiconducting Fe-B compounds predicted with an ab initio evolutionary search[J]. Physical Review Letters，2010，105（21）：217003.

[142]Bialon A F，Hammerschmidt T，Drautz R，et al. Possible routes for synthesis of new boron-rich Fe-B and $Fe_{1-x}Cr_xB_4$ compounds[J]. Applied Physics Letters，2011，98（8）：081901.

第3章 在超导材料设计中的应用

超导现象的发现与低温技术的发展是分不开的。1906年荷兰著名低温物理学家H. K. Onnes首次制备出液态氦，获得4 K（−296℃）的温度，这是继1898年制备出液态氢获得14 K低温之后取得巨大进展。随着低温技术的发展，科学家已经注意到纯金属的电阻随温度的降低而减小的现象。Onnes首先研究低温下水银的电阻随温度变化情况，1911年发现水银在4.2 K附近时电阻突然变小，继续降温到3 K时，电阻值仅为0℃时的10^{-7}倍。1913年他又发现锡在3.8 K时也出现零电阻的现象，这种特殊的电学性质被称为“超导”。超导体电阻变为零时的温度称为“超导临界温度（T_c）”[1]，Onnes也因此获得了1913年的诺贝尔物理学奖。

超导材料是指在某一低温条件下具有电阻为零以及排斥磁力线性质的材料：第一个特征是“零电阻”效应，指温度降至某一值时，电阻突然消失的现象，图3.1（a）为水银的零电阻效应。第二个特征是完全抗磁性，也被称为“迈斯纳效应”。1933年，德国物理学家迈斯纳（W. Meissner）通过实验发现：当置于磁场中的导体通过冷却过渡到超导态时，原来进入超导体的磁感线会一下子完全排斥到超导体之外。超导体内磁感应强度为零，这表明超导体是完全抗磁体，图3.1（b）分别是正常态和超导态下的磁感线分布情况[2]。

解释超导电性微观机制方面的理论有：London理论、二流体模型、Ginzburg-Landau理论、超导微观理论（BCS）和强耦合超导体理论等。其中BCS理论是被普遍认同的超导电性规范理论，因为它不仅通过了大量的实验检验，而且也能解释关于弱耦合超导电性中的物理问题。BCS理论的核心是：当电子穿过晶格时，它们会吸引邻近格点上的阳离子，导致晶格局部发生畸变，使电子周围的正电荷相对集中表现为带正电，从而间接的吸引周围电子结合配对。这种电子对称为库柏对，库柏对形成所需的相互吸引力是通过声子的发射和吸收，使两电子的间接吸引作用超过电子间的屏蔽库仑排斥作用导致的。为使体系能量最低，自旋和动量相反的两个电子在费米面附近最容易互相配对，形成库柏对。电子形成库柏对后，可以无损耗地在晶格中运动，表现出零电阻效应。

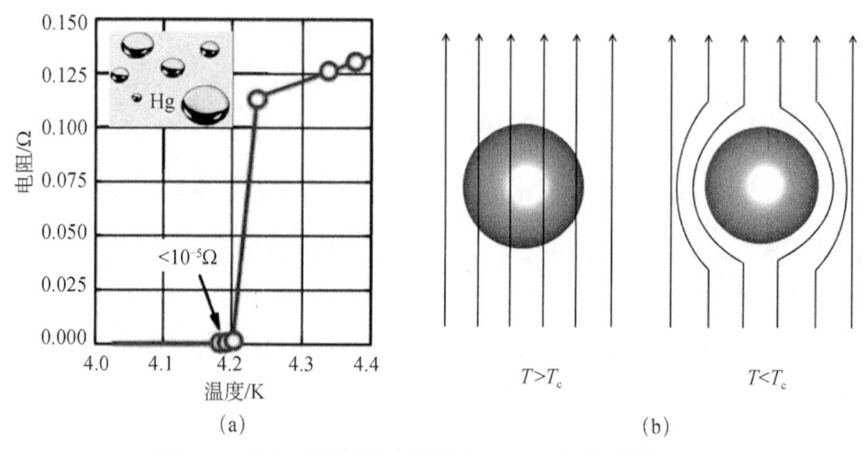

图 3.1 （a）水银的零电阻效应，（b）迈斯纳效应[2]

BCS 理论是美国物理学家 J. Bardeen、L. V. Cooper 和 J. R. Schrieffer 三人在 1957 年共同提出的，三人也因此获得 1972 年的诺贝尔物理学奖。该理论无疑是十分成功的，但局限性是不能确切地预言哪种材料会在什么温度下成为超导体。科学家 P. B. Allen 和 R. C. Dynes 在考虑了声子交换产生的吸引力以及电子之间的库仑力后，基于 McMillan 方程得到了超导转变温度的估算公式[3,4]：

$$T_{\mathrm{c}}=\frac{\omega_{\log}}{1.2}\exp\left[-\frac{1.04(1+\lambda)}{\lambda\text{-}\mu^{*}(1+0.62\lambda)}\right] \tag{3.1}$$

其中，$\omega_{\log}$ 是声子模对数的平均频率，μ^{*} 为库仑赝势，一般设置值范围为 0.1～0.2，λ 为电子–声子对，

$$\lambda=2\int_{0}^{\infty}\frac{\alpha^{2}F(\omega)}{\omega}\mathrm{d}\omega\approx\sum_{qj}\lambda_{qj}\omega(q) \tag{3.2}$$

电子–声子耦合中的 $\alpha^{2}F(\omega)$ 用声子线宽 γ_{qj} 表示，

$$\alpha^{2}F(\omega)=\frac{1}{2\pi N_{\mathrm{f}}}\sum_{qj}\frac{\gamma_{qj}}{\omega_{qj}}\delta(\omega-\omega_{qj})\omega(q) \tag{3.3}$$

N_{f} 是费米能级附近的电子态密度，γ_{qj} 可由下式导出：

$$\gamma_{qj}=2\pi\omega_{qj}\sum_{nm}\int d^{3}k/\Omega_{bz}\left|g_{kn,k+qm}^{j}\right|^{2}\times\delta(\xi_{kn}-\xi_{F}) \tag{3.4}$$

Ω_{bz} 是第一布里渊区的体积，ξ_{kn} 是在 k 点相对于费米能级 ξ_F 测量的波段的能量，$g^j_{kn,k+qm}$ 是电子–声子矩阵元素。

随着人们对超导电性的深入研究，BCS 理论也在不断地被修正。但之后发现的一些超导体，如铜基超导体、铁基超导体并不能用 BCS 理论来解释，因此根据是否能够应用 BCS 理论将超导体分为两大类：把能用 BCS 理论解释的超导体称为“传统超导体”，如单质 Al、Hg、Mo、Nb、Pb，二元化合物 LaB_6、Nb_3Ge、NbO、YB_6、ZrB_{12} 等，其中最高的超导转变温度是 MgB_2 创造的 39 K 的记录（2001 年）[5]；不能用 BCS 理论解释的超导体称为“非传统超导体”，如铜基 Bi_2SrCuO_6、$Tl_2Ba_2CaCuO_2$，铁基 $LaO_{0.89}F_{0.11}FeAs$、$CeFeAsO_{0.84}F_{0.16}$ 等。BCS 理论认为常规超导体的超导电性来源于电子–声子相互作用（电子间存在以晶格振动产生的声子为媒介的间接相互作用），当电子间的相互作用在满足一定条件时可以是相互吸引的，正是这种吸引作用使自旋和动量相反的电子可以配对形成库柏对，此时的库柏对在晶格当中运动，可以看成是无损耗的运动，从而导致超导现象的产生。而非传统超导体的潜在机制尚未被完全理解，可能与影响超导电性的各种因素（如电荷、轨道和自旋激发等）之间相互作用的变化有关。

自从超导现象被发现后，陆续在许多方面都得到了应用，例如，超导磁悬浮列车、超导限流器、超导滤波器和超导电机等。未来要想更好地、更广泛地利用超导，需要寻找到具有更高 T_c 的超导体，甚至是在室温下可以应用的超导体。但是，由于起初人们发现的超导体都只是在液氦的低温区才能出现超导，而氦气的稀少和昂贵的价格及液化氦储存的困难，在很大程度上限制了超导体的应用。多年来经过科学家的不懈努力，在寻找更高超导温度方面取得了一系列重大的突破：1986 年 12 月 26 日，我国科学家赵忠贤、陈立泉等人发现了转变温度为 48.6 K 的多相金属氧化物，并观察到它在 70 K 时存在向超导转变的倾向[6]。自此之后，超导转变温度不断突破，向室温接近[7,8]。

众所周知，压力对材料的性能有着十分重要的影响，高压对于发现常规超导体具有重要作用。科学家 Dias 曾表示：“想要合成高温超导体，就需要更牢固的化学键和更轻的元素。氢是最轻的材料的同时，氢键也是牢固的化学键之一，所以金属氢是最理想的超导材料。”氢通常以分子形式存在，表现为绝缘体，为使其转变为超导态，需要在巨大的压力下对其进行金属化[9,10]。2017 年的研究表明，金属氢的形成压力介于 465 至 495 GPa 之间（1 GPa 等于 10^4atm），超导转变温度为−267.65 °C。然而，如此高的压力在实验中是无法达到的，因此目前纯氢的金属化还无法实现。此外，由于实验研究通常需要多次的尝试，导致在高压下合成材料需要较长实验同期和较高实验成本。因此，基于第一性原理的晶体结构预测手段已经成为寻找超导材料的强大工具，可以极大地降低实验周期及实验成本。

目前，超导领域的理论工作者通过晶体结构预测法预言出许多氢化物在高压下是潜在的超导体，在实验上一些预测出的超导材料已经被合成，实验与理论的协同发展促进了氢化物在高压下的研究发展[11-20]。

本章将分别介绍晶体结构预测方法在二元、多元富氢超导材料以及不含氢元素的其他超导材料的研究进展。

3.1 二元富氢超导材料

根据 BCS 理论，转变温度与德拜温度、电子−声子耦合常数以及费米面附近的电子态密度有关，同时德拜温度与原子质量密切相关，即原子质量越轻超导转变温度越高。氢元素位于元素周期表中的第一位，是最轻的原子，理论上氢被认为具有最高的德拜频率以及最高的超导转变温度。早在 1968 年，Ashcroft 就提出高压可能会使氢实现金属化，进而成为高温超导体[21]。但是实现氢的金属化需要十分高的压强（～500 GPa），超过了当前静高压实验方法的技术极限。随后科学家们提出在富含氢元素的体系中加入非氢元素，通过化学预压的作用，实现在较低的压力下获得金属氢和高温超导性[22]。

20 世纪 70 年代，人们研究了一系列低氢含量的金属氢化物，如 Th_4H_{15}[23]、PdH[24,25]、$Pd_{0.55}Cu_{0.45}H_{0.7}$[26]、$NbH_{0.69}$[27]，但并没有得到期望的高超导转变温度。直到 2004 年，Ashcroft 再次提出富氢化合物，尤其是第 IV 主族的氢化物（CH_4 和 SiH_4），可能是获得高温超导体的候选材料[28,29]。至此，科研工作者再次将研究重点转为对富氢材料的研究[30-32]。随后的研究表明硅烷（SiH_4）在高压下的 T_c 为 17 K[33]，但是导致样品具有超导性的原因仍不清楚，并存在争议。

随着高压实验技术[34-37]和晶体结构预测软件的发展[38-41]，富氢化合物超导电性的研究取得了突破。2015 年，科研人员发现共价型富氢化合物 H_3S 在高压下的，超导转变温度为 203 K[42]。2019 年，高压下离子型富氢化合物高温超导体的研究取得也了突破性进展。2012 年，吉林大学马琰铭教授课题组在一项理论工作中首次提出了一个高压下全氢原子化的氢笼合物结构——CaH_6，并预言其超导温度高达 235 K[12]。随后，该课题组与美国 Hemley 研究组分别独立的预言了以 LaH_{10} 为代表的一系列具有笼型结构的富氢化合物具有接近室温的高温超导电性。受这些理论工作的启发，2019 年，实验上发现了以 LaH_{10} 为代表的一类全氢原子化的氢笼合物结构的富氢高温超导体，其中 LaH_{10} 创造了 260 K 的超导温度新纪录[43,44]。

本章主要介绍两种类型的二元氢化物分别是共价富氢超导材料和笼型富氢超导材料。

3.1.1 共价型富氢超导材料

1. S-H 化合物

最具代表性的共价型富氢超导材料是硫氢化物。固态硫化氢（H_2S）是 S-H 体系中唯一在常压下存在的化合物。人们一直认为 S-H 体系在高压下会分解为单质 H 和单质 S，不能生成具有超导电性的化合物。2014 年，通过 USPEX 晶体结构预测方法首次发现了具有高超导转变温度的新型氢化物——H_3S[45]，空间群为 *Im*-3*m*。在该结构中，硫原子构成立方晶格，每个硫原子与 6 个氢原子键合形成较强共价键网络，如图 3.1（c）所示。计算结果表明，*Im*-3*m* 结构的 H_3S 化合物中氢原子与硫原子之间以强共价键的形式相连，动力学性质稳定。氢原子在费米面处具有较高的电子态密度，表现良好的金属性，对超导电性起着关键作用[46,47]。*Im*-3*m* 结构的金属化压力为 111 GPa，明显低于氢的金属化压力[48]。超导性质计算表明，200 GPa 下，*Im*-3*m* 结构的超导转变温度达到 191～204 K[49]，这一温度打破了铜基超导体 164 K 的超导记录，成为了富氢超导体研究中的一个重要进展。

后来的实验研究证实了前面两种理论结果的正确性。德国马普所 Eremets 研究组开展了 H_2S 的高压实验研究工作[10]，不仅验证了 80 K 转变温度的理论预言[28]，而且发现了另外一个高温超导态（H_3S，T_c 为 200 K）[45,50-52]。

2017 年，Goncharov 等人通过实验方法获得了 H_3S 在不同压力下的所有三种结构[53]，即 *Cccm* 结构（50 GPa）、*R*3*m* 结构（70 GPa）和上面提到的 *Im*-3*m* 结构（140 GPa），见图 3.2（a）—（c）。

同年，吉林大学马琰铭教授课题组通过 CALYPSO 结构预测方法，在压力为 10～200 GPa 区间对 S-H 化合物进行了结构预测，发现了 5 个全新的结构，空间群

分别为 $P2/c$、Pc、$Pmc2_1$、P-1 和 $Cmca$，从理论上提出，硫化氢在高压条件下相对于单质氢和单质硫可以稳定存在，并预言 $Cmca$ 结构的硫氢化合物在高压下表现出金属性，并且在 160 GPa 时具有约 80 K 的超导转变温度[54]。

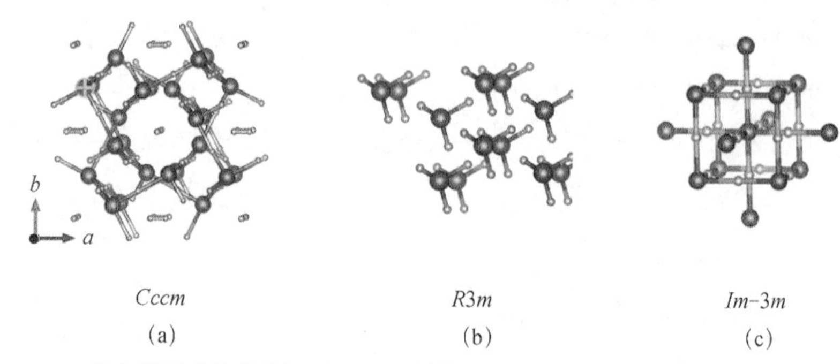

图 3.2　H_3S 的高压晶体结构[45]（a）*Cccm* 结构，60 GPa；（b）*R3m* 结构，130 GPa；（c）*Im-3m* 结构，200 GPa。（扫描封底二维码可见彩图）

小球（大球）代表 H 原子（S 原子）

2. Se-H 化合物

兆巴压力下，在硫氢化物中发现高温超导电性打破了传统超导体 T_c 值无法突破 40 K 的观念，为寻找新的高温超导体打开了大门。硒元素与硫元素为同一主族，原子核较大，电负性较弱。硒氢化物是否具有类似于硫氢化合物的高温超导电性成为科研人员关注的课题。

科研人员通过 CALYPSO 晶体结构预测方法结合第一性原理计算探索了化学计量比为 HSe_2、HSe 和 H_3Se 的硒氢化物在 0～300 GPa 压力区间的高压相图以及超导电性[55]。通过结构搜索确定了 H-Se 化合物的三个高压稳定相，分别为 $C2/m$-HSe_2（200 GPa）、$P4/nmm$-HSe（249 GPa）和 Im-3m-H_3Se（166 GPa），晶体结构如图 3.3 所示。

由图 3.3（c）可见，H_3Se 具有与 H_3S 相同的晶体结构[45]，其中 Se 原子占据体心立方亚晶格，每个 Se 原子通过六配位与 H 原子连接。为了验证 H_3Se 是否与 H_3S 一样具有优异的超导性能，他们计算了 Im-3m-H_3Se 结构的电子能带结构和电子-声子耦合作用（EPC）。

计算表明，$C2/m$-HSe_2、$P4/nmm$-HSe 和 Im-3m-H_3Se 的能带结构均表现出金属性，如图 3.4（a）所示。费米能级（E_f）上的电子态密度主要来自 H-s 轨道的贡献，H-s 轨道电子与 Se-p 轨道电子发生杂化，并且在 E_f 附近观察到平坦带和陡峭带。

这些特征与前文提到的 *Im*-3*m*-H_3S 结构表现出类似的特征[45]，说明可能具有较强的电子–声子耦合作用。

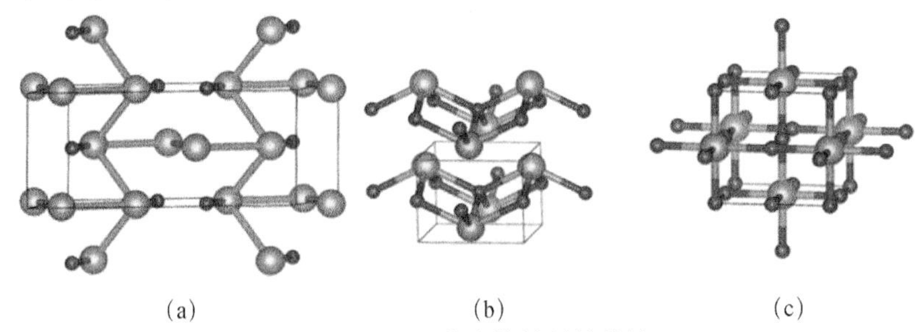

图 3.3 H-Se 化合物的晶体结构

（a）*C2/m*- HSe_2；（b）*P4/nmm*-Hse；（c）*Im*-3*m*-H_3Se（扫描封底二维码可见彩图）

（小的红色球代表 H 原子，大的黄色球代表 Se 原子，此图来源于文献[55]）

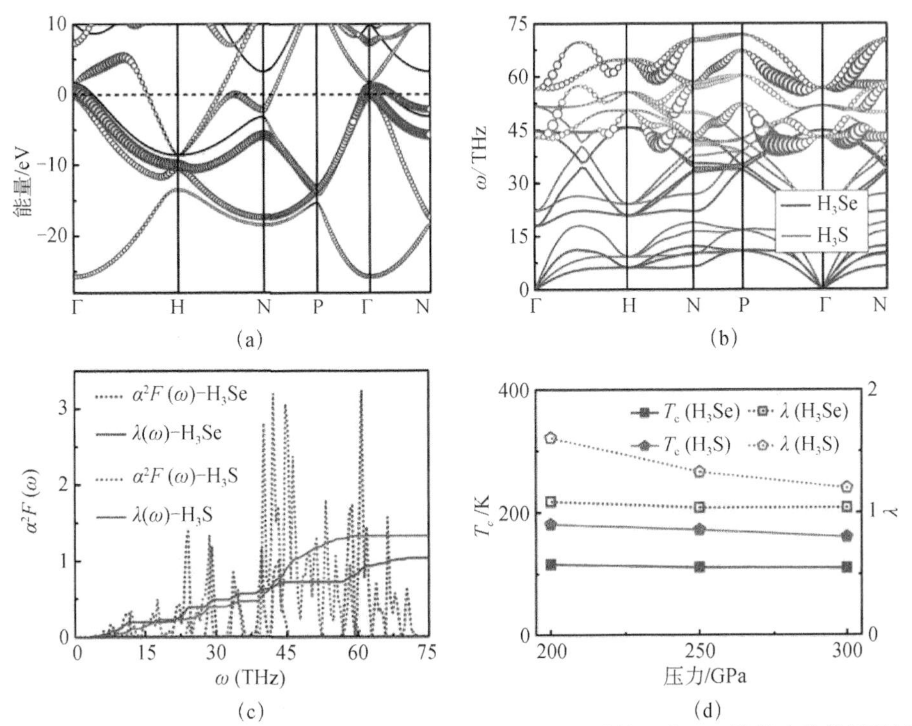

图 3.4 （a）在 250 GPa 条件下，*Im*-3*m* 结构中 H_3Se 的能带结构。在 H-*s* 轨道上的投影用绿色圆圈的大小来表示。（b）250 GPa 下 H_3Se（红色）和 H_3S（灰色）的声子谱。由 EPC 引起的各模态（*q*，*j*）的声子线宽 $\gamma_{q,j}$（ω）用圆的大小表示。（c）H_3Se 和 H_3S 的 EPC 谱函数 α^2F（ω）和 EPC 参数 λ（ω）积分曲线。（d）H_3Se 和 H_3S 的 EPC 参数 λ（右轴）和 T_c（左轴）与压力（横轴）的关系（扫描封底二维码可见彩图）

（此图来源于文献[55]）

如图 3.4（b）所示，由于 Se 原子的质量大于 S 原子，因此 *Im*-3*m*-H_3Se 结构中，低频声子的振动频率（低于 15THz）和中频声子的振动频率（15～45THz）均低于 H_3S。在高频区，H 的伸缩振动频率（50THz 以上）表现出更高的振动频率并与中频区域分离，可能是半径较大的 Se 原子产生了更强的化学预压缩效应，从而产生了更强的 H-Se 共价键。EPC 图谱（图 3.4（c））表明高频区 H 拉伸振动模式对电子-声子耦合作用起主要贡献。与 H_3S 中电子-声子耦合常数（λ）随压力线性降低不同，H_3Se 的 λ 随压力的变化很小，几乎可以忽略（图 3.4（d））。通过将 λ 代入 Allen-Dynes 修正的 McMillan 方程[56]，得到 H_3Se 的 T_c 值约为 110 K，略低于 H_3S 的 160～170 K。

3.1.2　笼型富氢超导材料

共价氢化物 H_3S 的发现为寻找富氢超导体的研究注入了新的活力，笼状氢化物与共价型氢化物 H_3S 的不同之处在于氢原子与金属原子之间形成的是离子键，氢与氢之间以弱共价键形成笼状结构，金属原子位于氢笼的中心位置，起到稳定氢笼并为其提供电子的作用。这种笼状氢化物表现出优异的超导电性，有望成为室温超导体的候选材料。

1. Ca-H 化合物

2012 年，马琰铭教授课题组应用 CALYPSO 晶体结构预测方法寻找在 50～200 GPa 压力区间内稳定的 CaH_{2n}（n=2～6）结构，发现了笼状的氢化物（CaH_6）高温超导材料[12]。从焓图 3.5 能够看出：在 50～150 GPa 压力下，CaH_4 最稳定，而在 200 GPa 的压力下，CaH_6 最稳定。

由图 3.6 可以看出 CaH_6 的结构为典型的立方结构（空间群为 *Im*-3*m*），Ca 原子位于体心立方的中心，H_4 单元位于由 Ca 原子组成的立方体表面上，H_4 单元相互连接形成一个方钠石笼型结构，在每个笼子中心有一个 Ca 原子。

是什么因素导致 CaH_6 方钠石笼型结构中 H_4 单元的形成？为了探讨这个问题，他们研究了去除 H 原子的 bcc-Ca 晶格（CaH_0）和 CaH_6 的电子局域函数（ELF），如图 3.7 所示。CaH_6 氢化物的 ELF 表明 Ca 和 H 之间不存在化学键。位于立方体表面 H_4 单元中的 H 原子之间的 ELF 值为 0.58，说明 H_4 单元中的 H 原子之间以共价键连接。在形成方形 H_4 单元 ELF 值为 0.61，表明 H_4 单元之间存在弱的共价键相互作用，这种作用的形成源于 Ca 的电子。对 CaH_6、“H_6”（Ca_0H_6）和 CaH_0 能带结构的比较发现，H_6 结构价带宽度为 15.2 eV，与 CaH_6 的价带宽度为 16.4 eV 相当。相比之下，CaH_0 的价带宽度仅为 4.3 eV，说明 CaH_6 费米能级附近的能带结构源于 Ca 的 3d 轨道和 H 的 1s 轨道发生杂化。

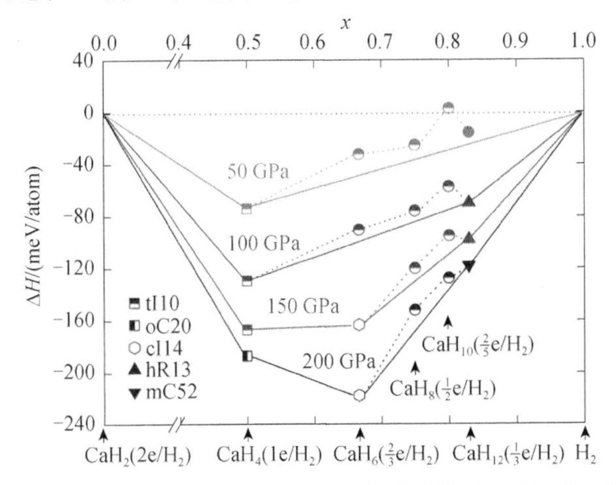

图 3.5　CaH_{2n}（n=2～6）化合物相对于 CaH_2+H_2 的形成焓（扫描封底二维码可见彩图）

（此图来源于文献[12]）

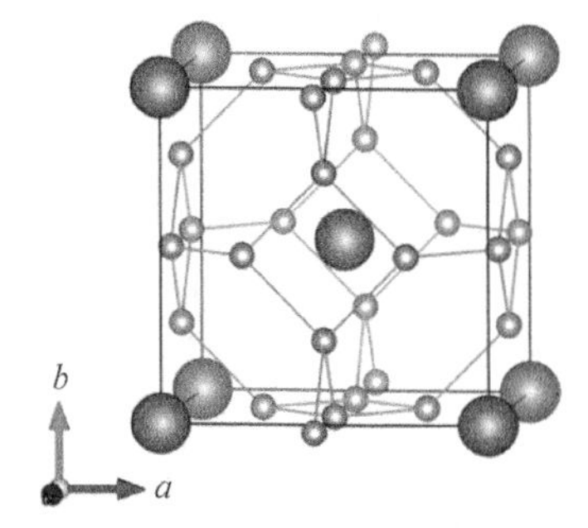

图 3.6　CaH_6 的晶体结构图[12]（扫描封底二维码可见彩图）

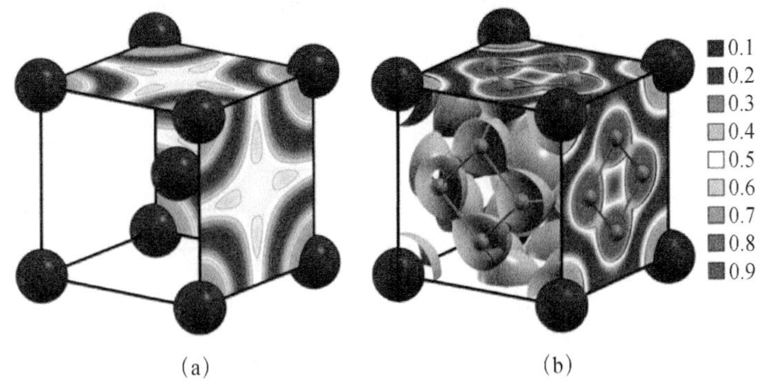

图 3.7　ELF 电子局域图（a）CaH_0-cI14 结构（移除 H 原子），（b）CaH_6（扫描封底二维码可见彩图）

（此图来源于文献[12]）

CaH_6结构的电子-声子耦合（EPC）计算表明，高频率振动主要与H原子有关，贡献为81%。计算得到的声子线宽表明，EPC主要来自于区域中心Γ处的T_{2g}模和E_g模，其中分子内振动导致晶格扭曲，降低分子的对称性，有利于增强电子-声子耦合作用。计算得到CaH_6结构在150 GPa、200 GPa和250 GPa下的T_c值分别为235 K、201 K和187 K。

本项工作提出了笼型富氢化合物是一种潜在的高温超导体，在探索室温超导体的进程中再次体现了晶体结构预测的重要作用，这不仅帮助科研人员能够更加深入的理解超导机制与晶体结构之间的关系，更为寻找室温超导体提供了一条可能的路线。

2. RE-H 化合物

自CaH_6高温超导体被发现后，人们将金属氢化物超导体的研究范围扩展到了RE-H化合物。研究表明，高压下稀土原子的存在促使氢元素更容易形成笼状结构，例如，REH_6、REH_8、REH_9和REH_{10}，并表现出令人期望的高T_c值超导电性。

2017年，吉林大学刘寒雨教授应用CALYPSO结构预测方法从理论上研究了150～300 GPa压力范围内La-H和Y-H的高压晶体结构[57]，利用密度泛函理论（DFT）进行结构优化，计算了La-H和Y-H富氢化合物的焓值、电子结构和声子谱，找到了LaH_{10}和YH_{10}两种高压下T_c值接近室温的笼型结构超导体。

LaH_{10}结构空间群为*Fm*-3*m*，La原子以fcc形式排列，H原子构成的笼型多面体由六个四边形和十二个六边形连接构成，如图3.8所示。

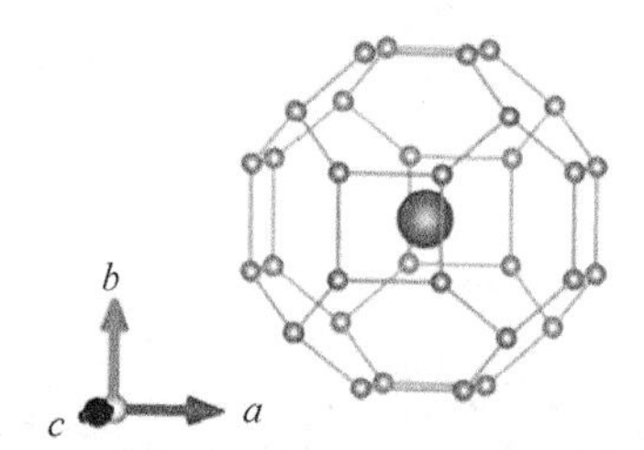

图3.8 LaH_{10}在300 GPa下的晶体结构[57]（扫描封底二维码可见彩图）

能带结构和态密度计算表明，300 GPa下，LaH_{10}结构表现出金属特性。多条能带沿不同方向穿过费米能级表明，在费米能级上具有较高的电子态密度。La的*d*轨道、*f*轨道和H的*s*轨道对费米能级附近的电子态密度有贡献，其中La的*f*轨道贡献占主导地位，其原因是由于外部压力对La的6*s*轨道和La的5*d*轨道的破坏程度比La的4*f*轨道更大。同时，研究表明La原子的存在还有助于氢原子笼型结构的稳定。

在 250 GPa 压力下，LaH_{10} 结构中最短的 H-H 距离为 1.1 Å，与前文中具有类似结构的 CaH_6 的 H-H 距离（150 GPa，1.24 Å）相比较短，因此，所有 H 振动都有效地参与了 EPC 过程，这可能是超导电性增强的原因之一。在 250 GPa，$\mu^*=0.1\sim0.13$ 时，计算得到 LaH_{10} 的 T_c 值为 257～274 K，T_c 值随着压力的增加而减小。为了验证超导转变温度计算的准确性，将计算结果与现有的实验数据进行比较，对计算的准确性进行判断。使用 $\mu^*=0.1\sim0.13$，计算了 fcc-La 在环境压力下的 T_c=6～7 K，这与之前的理论[58]和实验工作（T_c=6 K）结果一致，并与高压行为（20 GPa 下 T_c=13 K）也一致。

YH_{10} 与 LaH_{10} 具有相同的晶体结构，Y 的 d 轨道和 H 的 s 轨道在费米能级附近起主要的作用。在 250 GPa，取 $\mu^*=0.1\sim0.13$ 时，计算得到 YH_{10} 的 T_c 值为 305～326 K。

同年，稀土金属氢化物的晶体结构通过 CALYPSO 预测方法在高压条件下进行了结构搜索[59]。结果表明，在所有被研究的稀土氢化物中都可以形成氢笼合物结构。除了已知的 REH_6 中的 H_{24} 笼型结构外，还发现了含 H_{29} 和 H_{32} 的 REH_9 和 REH_{10} 笼型结构氢化物。随着氢原子的化学计量比增加，稀土金属原子序数越大的笼型结构越稳定。在低压区（<50 GPa），REH_3 是 Sc-H、Y-H 和 La-H 体系中最稳定的配比，REH_4 是 Ce-H 和 Pr-H 系统中最稳定的配比。除了 REH_3 和 REH_4 氢化物外，Sc-H 和 La-H 系统中预测的 REH_6 具有与 CaH_6 相同的 *Im*-3*m* 笼状结构，由图 3.9（a）所示。同时，在大多数 RE-H 体系中还发现了一系列富 H 的 REH_9 和 REH_{10} 结构，它们表现出具有 H_{29} 和 H_{32} 笼的独特三维笼状结构，如图 3.9（b）～（e）所示。

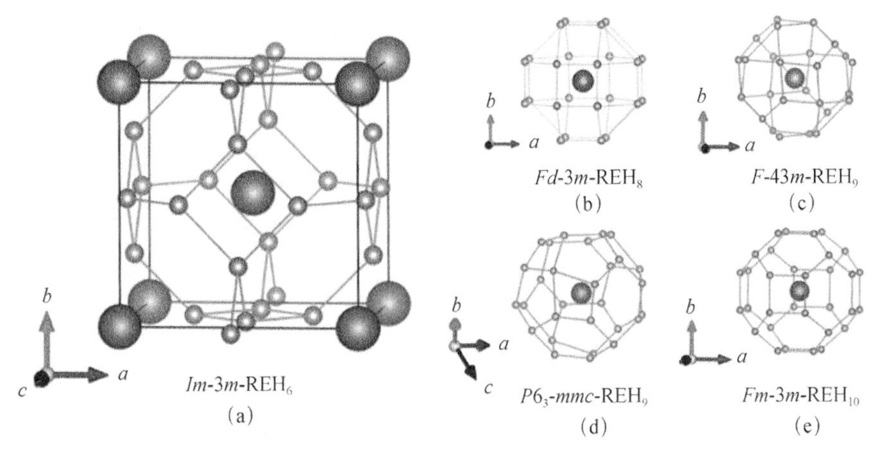

图 3.9　晶体结构图（a）*Im*-3*m*-REH_6，（b）*Fd*-3*m*-REH_8，（c）*F*-43*m*-REH_9，（d）$P6_3$-*mmc*-REH_9，（e）*Fm*-3*m*-REH_{10}[59]（扫描封底二维码可见彩图）

通过计算电子局域函数（ELF）研究REH_6、REH_9和REH_{10}笼形结构的化学键发现RE原子与H原子之间没有电荷局域，表明RE与H之间为离子键。H-H之间的电荷存在局域化，说明H-H原子之间存在弱的共价键，在H_{24}、H_{29}和H_{32}笼子中，最近邻的H-H原子距离（200 GPa时分别为1.24 Å、1.17 Å和1.08 Å）远大于H_2气体分子中H-H原子距离（0.74 Å），通过计算晶体轨道哈密顿布居也证明了H笼子结构中H-H原子之间以共价键方式连接。研究发现，从RE到H存在明显的电荷转移，随着稀土原子的电荷显著增加，为H原子提供了更多的额外电子，强的阴离子-阳离子相互作用增加了RE-H离子键的Madelung能，从而增强笼合物结构的稳定性。

从能带结构和电子态密度可以看出，REH_6、REH_9和REH_{10}笼合物均表现出金属性。在费米能级上的电子态密度很大，并且主要由H原子的*s*轨道所贡献。晶格声子和电子-声子耦合计算表明，由于H的平面内伸缩振动、平面内摇摆振动及面外摇摆振动增强了电子-声子耦合作用，使YH_9和YH_{10}分别在稳定压力区间具有较高的λ值（4.42和2.41）。通过Eliashberg方程计算了笼型氢化物的T_c值，当$\mu^*=0.1$时，YH_9和YH_{10}的T_c值分别为276 K（150 GPa）和303 K（400 GPa）。LaH_{10}笼合物的T_c值为288 K（$\mu^*=0.1$，200 GPa）。此外，他们还计算了其他稀土元素富氢笼合物的T_c值，ScH_6、ScH_9的T_c值约为150 K，LaH_9、CeH_9、CeH_{10}、PrH_9的T_c值均小于56 K。

研究结果表明，利用其他稀土元素（RE=Nd、Pm、Sm、Eu、Gd、Tb、Dy、Ho、Er、Tm、Yb和Lu）对上述氢化物中稀土元素进行替换，依然具有稳定的笼型结构[60-62]。因此，在高压下使用稀土元素来稳定氢化物的笼型结构可能是一种可行的方法。笼内的稀土元素不仅稳定了H原子构成的笼型框架，同时增强了电子-声子耦合作用，使RE-H笼合物具有高温超导电性。这些研究发现将为笼型高温超导材料高压实验合成工作提供重要的依据。在这些理论工作的启发下，人们通过实验成功合成了LaH_{10}、YH_9和YH_6笼型化合物，实验测得的T_c值分别为250～260 K、243 K和224～227 K[43,63,64]。

3. Th-H 化合物

2018年，Kvashnin等人通过USPEX软件在高压下对Th-H体系进行结构预测，发现了一种新的笼状氢化物高温超导体，*Fm*-3*m*-ThH_{10}[65]。ThH_{10}的晶体结构如图

3.10 所示。计算表明，*Fm*-3*m*-ThH_{10} 的电子–声子谱函数 $\alpha^2F(\omega)$ 作为压力的函数，随着压力的增加向高频转移，而 EPC 系数随压力的增加而减小，$\omega_{\log}$ 则增大。计算得到 *Fm*-3*m*-ThH_{10} 在 100 GPa 时的 T_c 值为 220～241 K。随后，通过高压实验合成了 *Fm*-3*m*-ThH_{10}，超导转变温度为 161 K[66]。

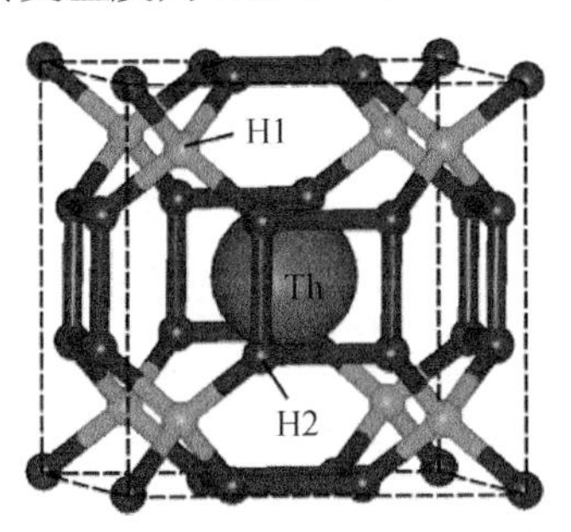

图 3.10　*Fm*-3*m*-ThH_{10} 的晶体结构图（扫描封底二维码可见彩图）
（此图来源于文献[65]）

3.1.3　层状富氢超导材料

理论工作中预测到一些具有层状结构的氢化物，但往往 T_c 值都不是很高，如 FeH_5[67]、TeH_4[68]、KH_6[69]等。通过晶体结构预测方法在 200 GPa 下预测出一个层状六角相的超氢化物 HfH_{10}，空间群为 *P*6_3/*mmc*，如图 3.11 所示。HfH_{10} 的结构具有高对称性，氢原子形成“类五角石墨烯状”的平面 H_{10} 单元，Hf 原子位于同一平面 3 个 H_{10} 单元的中心，对氢亚晶格起到稳定作用并为其提供电子[70]。

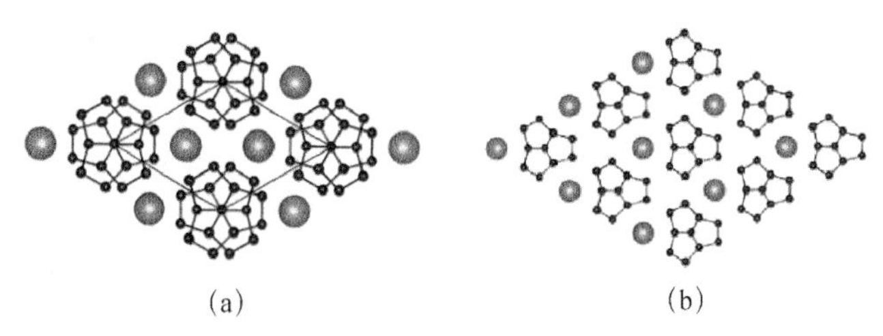

图 3.11　(a) *P*6_3/*mmc*-HfH_{10} 的层状晶体结构，(b) *P*6_3/*mmc*-HfH_{10} 的单层结构（扫描封底二维码可见彩图）
（此图来源于文献[70]）

计算表明，对于 300 GPa 下的 HfH_{10} 费米面处具有较高的电子态密度，主要由氢贡献，表明该结构可能具有很强的电子–声子相互作用，有利于提高 T_c。通过分析电子–声子耦合作用发现，在 300 GPa 时，HfH_{10} 的电子–声子耦合强度较高，与氢原子振动相关的高频声子模式对电子-声子耦合的贡献高达 70%。在 250 GPa 时，HfH_{10} 的 T_c 值为 213～234 K。

该课题组以 $P6_3/mmc$-HfH_{10} 结构为模型，通过替换法构建了“类五角石墨烯状”的 $P6_3/mmc$-MH_{10}（M=Zr，Mg，Sc，Lu，Th）结构，对其进行动力学稳定性验证，结果发现 ZrH_{10}、ScH_{10} 和 LuH_{10} 是动力学稳定的，在高压下表现出良好的超导电性，T_c 值在 134～220 K 区间，它们的高 T_c 值均与费米面处较高的电子态密度和较强的电子-声子耦合有关。在“类五角石墨烯状”结构中，金属原子为 H_{10} 单元提供电子，其电负性、原子半径和价电子排布在稳定氢亚晶格以及调控材料的超导电性方面也起着关键作用。与立方相 H_3S 和笼型 LaH_{10} 不同，$P6_3/mmc$-HfH_{10} 是首个 T_c 值超过 200 K 的层状氢化物。这种“类五角石墨烯状”的超氢化物可认为是继共价金属性氢化物和笼状氢化物之后的第 3 种高 T_c 氢化物模型。

通过对富氢化合物的研究，人们总结出了在氢化物中寻找高温超导体的一般规律：①富氢化合物的结构要具有高对称性；②结构中不存在 H_2 或 H_3 分子单元；③费米面处氢的电子态密度起主要贡献；④费米面处电子与高频声子有强的耦合，这些规律将为实验合成室温超导材料提供理论参考。

3.2 多元富氢超导材料

如何更有针对性地去探索具有更高 T_c 值的富氢化物是一个非常重要的课题。其中一个思路便是在二元氢化物中引入新元素。一方面新元素与 H 形成的结构单元能够提高三元氢化物主体结构的稳定，降低合成压力；另一方面，能够破坏富氢化物中的类氢分子从而实现高 T_c。目前，科研人员在实验合成三元氢化物方面做了很多有意义的工作[71,72]，推动了寻找高温超导材料的研究进程，但在实验上仍存在一些待解决的问题。首先，许多实验合成的超导材料 T_c 值没有达到人们的预期；其次，有些合成出的超导材料虽然具有高 T_c 值，但其化学组分和晶体结构却难以确定。因此，开展理论预测工作能够帮助科研人员解决实验工作中遇到的难题，为实验工作提供重要的理论指导。

1. Li-Mg-H

马琰铭教授课题组通过 CALYPSO 晶体结构预测方法，研究了在 300 GPa 下

富氢化合物 $Li_xMg_yH_z$ 三元体系的相图，发现了一种独特的笼合物结构[73]，化学计量比为 Li_2MgH_{16}，空间群为 *Fd*-3*m*，晶体结构如图 3.12 所示，包含以 Li 为中心的 H_{18} 笼和以 Mg 为中心的 H_{28} 笼，每个 H_{18} 或 H_{28} 笼子由 6 个或 12 个五边形和 4 个六边形组成，H-H 键长分别为 1.02、1.08 和 1.20 Å。

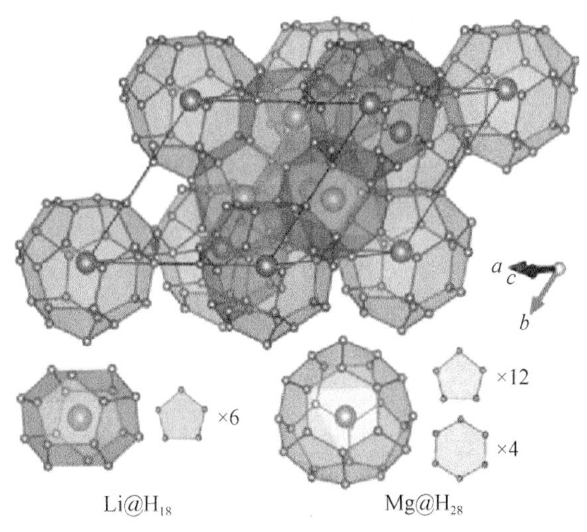

图 3.12　*Fd*-3*m*-Li_2MgH_{16} 相在 300 GPa 时的笼型结构图（扫描封底二维码可见彩图）
（此图来源于文献[73]）

300 GPa 下，*Fd*-3*m*-Li_2MgH_{16} 结构中 H-H 以共价键连接，不存在 H_2 分子。*Fd*-3*m*-Li_2MgH_{16} 在费米能级附近具有以 H 原子为主导的高电子态密度，几乎是 MgH_{16} 的两倍。因为 MgH_{16} 结构中包含大量的类 H_2 或类 H_3 分子，其中氢原子的电子只能占据远离费米面的低能成键轨道，造成费米面附近的电子态密度不高。通过掺入 Li 引入了额外的电子，填充 H_2 或 H_3 分子的反键态使氢分子解体。Li 和 Mg 具有相似的原子半径，电负性更小，因而两个 Li 原子可以提供更多的电子，氢分子解体后氢化物重新形成稳定的笼状结构，对称性也有所提高。

在 300 GPa 下计算得到的 Li_2MgH_{16} 的 λ 值高达 3.35。这个值远高于 MgH_{16} 和任何其他的 Li-Mg-H 三元化合物，T_c 值为 351 K。在 250 GPa 压力下，其 T_c 值更是达到了达 473 K。

上述研究表明，在二元氢化物中掺杂金属原子能够提供更多的电子，有利于 H_2 或 H_3 分子单元的解离。同时，300 GPa 下 *Fd*-3*m*-Li_2MgH_{16} 的形成焓为−84 meV/atom，低的形成焓有利于实验合成，因此该研究也提供了一条可能的实验合成路线，即可以通过 LiH、MgH_2 和 H_2 反应得到。

2. Ca-Y-H

受 CaH_6 和 Li_2MgH_{16} 两项工作启发，应用 CALYPSO 晶体结构预测方法对 $CaYH_{12}$ 在 10～350 GPa 压力范围进行了晶体结构预测[74]。预测得到在 170 GPa 以上 *Fd*-3*m*-$CaYH_{12}$ 结构是最稳定的。这种结构中，Ca 原子和 Y 原子在各个方向上交替排列形成一个 bcc 晶格，氢原子占据了 bcc 晶格的所有四面体间隙形成笼型结构，如图 3.13 所示。Ca 原子中的电子部分转移到 H-H 单元的反键轨道，同时 ELF 计算表明 Ca 原子与 H 原子之间没有共价键形成，H-H 原子间的 ELF 值分别为 0.64 和 0.56，表明存在弱共价键。另外，电荷转移的计算表明每个 Ca 原子和 Y 原子在 200 GPa 时分别向 H 原子提供了 1 个和 1.4 个电子，金属原子转移的电子数在很大程度上促进了 H-H 的分离。

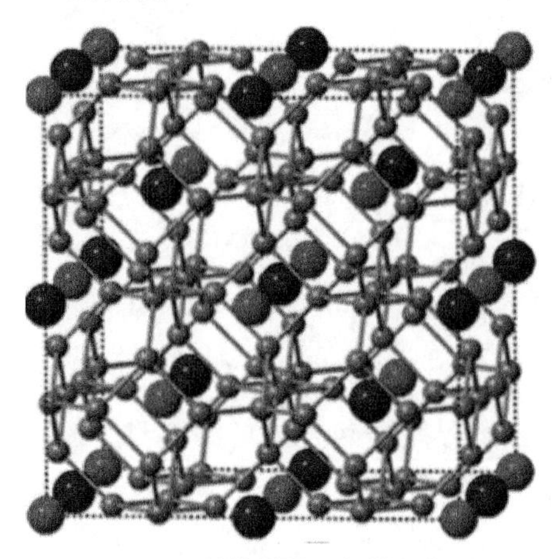

图 3.13　*Fd*-3*m*-$CaYH_{12}$ 晶体结构（扫描封底二维码可见彩图）
（此图来源于文献[74]）

电子能带的计算表明 *Fd*-3*m*-$CaYH_{12}$ 结构具有金属性，在费米能级附近存在比较平缓的能带，说明可能存在更多的局域电子态，有助于增强电子-声子耦合相互作用，可能是一种潜在的高温超导体。为了探索 $CaYH_{12}$ 的超导性，在 200 GPa 下对 *Fd*-3*m*-$CaYH_{12}$ 结构进行了晶格声子和 EPC 计算，声子振动频率主要来自于 Y 原子的低频振动模式（0～8.5THz），Ca 原子的中频振动模式（8.5～12.5THz），H 原子的高频振动模式（12.5～56THz）。电子-声子耦合计算表明，*Fd*-3*m*-$CaYH_{12}$ 结构是潜在的高温超导体。在 200 GPa 下，T_c 值为 258 K。根据以往的实验经验，高温和高压通常会促进富氢化合物超导材料的形成，因此在高温高压下以 Ca+Y+H_2 或 CaH_2+YH_3+$H_2$$CaYH_{12}$ 为前驱物有望合成 *Fd*-3*m*-$CaYH_{12}$ 超导材料，这项工作为实验合成提供了理论指导。

3. C-S-H

寻找室温超导材料的另一个思路是以类 H-S 富氢化合物体系为模型，使用元素替代或掺杂方式来得到潜在高温超导体[75-80]。

对于 $C_xS_yH_z$（x=1～4，y=1～4，z=1～36）体系在 100 GPa 下通过 CALYPSO 晶体结构预测方法进行了结构搜索[75]，得到了一种化学配比为 CSH_7 的具有高 T_c 值的超导结构。CSH_7 在大于 100 GPa 的压力下动力学和热力学是稳定的。*I*-43*m*-CSH_7 化合物可视为一种主客体结构，每个 CH_4 分子都位于与 *Im*-3*m*-SH_3 类似的[SH_3]主体晶格间隙，CH_4 分子的插入会使[SH_3]主体亚晶格更加稳定。在高压下，主晶格中 S 原子和 H 原子之间的 ELF 值都大于 0.75，证明它们之间是以共价键的形式相连接，CH_4 分子和[SH_3]晶格之间的 ELF 约为 0.3，这是典型的离子键。主晶格和客体晶格之间的离子相互作用起到了化学预压缩作用，从而降低体系的稳定压力。经过比较，在 120 GPa 时 CSH_7 与 SH_3 的电子能带结构和费米面附近的投影态密度与 SH_3 相当，这预示 CSH_7 可能是一种类似于 SH_3 的高温超导体。通过修正后的 McMillan 方程和 Migdal-Eliashberg 方程进行 T_c 值的估算表明，CSH_7 也是一种高温超导体。在 100 GPa、120 GPa 和 150 GPa 下，CSH_7 的 T_c 值分别为 181 K、173 K 和 132 K。

另一项对 C-S-H 三元体系的研究发现了一种具有钙钛矿结构的氢化物高温超导体[76]。此项工作通过 CALYPSO 晶体结构预测方法在 100～200 GPa 压力区间对 $C_xS_yH_z$（x=1～2，y=1～2，z=1～8）三元化合物进行结构搜索，发现化学计量比为 1∶1∶7 的 C-S-H 体系在整个压力区间内是动力学稳定的，其中预测得到的 *R*3*m*-CSH_7 结构具有最高的 T_c 值（150 GPa 下，～200 K）。该结构中，主体框架依然保持立方 H_3S 结构，但有轻微的畸变，使得单胞矢量 $\vec{a}$，$\vec{b}$，$\vec{c}$ 的长度相等，α、β 和 γ 角为 89.4°，*Im*-3*m*-H_3S 结构中的 SH_6 单元被 CH_4 分子取代，形成具有钙钛矿结构的 *R*3*m*-CSH_7。

通过形成焓对比，虽然 *R*3*m*-CSH_7 结构相对于 CH_4+H_3S 和 CH_4+H_2S+1/2H_2 在热力学上处于亚稳态，但低于 188 GPa 时，*R*3*m*-CSH_7 结构相对于 H_2S+C+5/2H_2 是

稳定的。由于 $R3m$-CSH_7 结构在高于 100 GPa 压力范围动力学稳定，说明通过以上三种路径合成 $R3m$-CSH_7 是可能的。

2020 年，Snider 等人[77]以碳、硫、氢单质为前驱物，合成出均匀透明的 C-S-H 化合物，在 267 GPa 压力下获得了 288 K（约 15℃）的 T_c 值，刷新了实验合成室温超导体的 T_c 纪录。理论与实验的结合让三元超导体系的探索向前迈进一大步。但遗憾的是，目前此化合物的组分及结构还不清楚，与之前对于 C-S-H 的理论结果不能很好的吻合，因此需要进一步探究其物质结构及超导产生的原因。

4. Mg-Ge-H

在 50～300 GPa 压力范围对 Mg-Ge-H 体系进行了系统的理论研究[78]，发现了三种不同化学计量比的三元氢化物（MgGeH、$MgGeH_2$ 和 $MgGeH_6$），其中 $MgGeH_6$ 是一种潜在的高温超导材料。

通过对 $MgGeH_6$ 三元化合物形成焓的研究，给出了三种高压合成 $MgGeH_6$ 三元化合物可能的路径，即 $Mg+Ge+3H_2 \rightarrow MgGeH_6$，$MgGe+3H_2 \rightarrow MgGeH_6$ 和 $MgH_2+GeH_4 \rightarrow MgGeH_6$。不同路径得到的 $MgGeH_6$ 均为立方结构，空间群为 Pm-3。200 GPa 以上时，Pm-3-$MgGeH_6$ 结构的动力学性质开始稳定，H 原子占据 $6g$（0.5，0，0.219），晶格参数 a=3.000 Å，α=90°。在立方晶格中，Mg 和 Ge 分别占据 $1a$（0，0，0）和 $1b$（0，0，0）。

弹性常数（C_{ij}）计算结果表明，Pm-3-$MgGeH_6$ 的 C_{11}=723.4，C_{44}=102.4，C_{12}=616.0 GPa，Pm-3-$MgGeH_6$ 在 200 GPa 下的机械性能稳定。电子能带结构和电子态密度结果显示在费米能级附近发生了能带交叠，说明 Pm-3-$MgGeH_6$ 具有金属性。费米能级被两条平坦的价带、一条陡峭的导带穿过，费米能级附近的这种“平带-陡带”特征，H 原子对费米能级附近的电子态密度起主要贡献，这些特征表明 Pm-3-$MgGeH_6$ 很可能具有很强的电子-声子耦合作用。电荷分析揭示了 Mg 和 Ge 在 200 GPa 分别失去 1.50 和 1.19e 个电子，每个 H 原子获得 0.45e 个电子。ELF 计算表明 Mg 和 H、Ge 和 H 之间不存在共价键，表明 Pm-3-$MgGeH_6$ 是一种离子型化合物。200 GPa 下不同元素的声子谱和投影声子密度表明，低于 472cm^{-1} 的低能声子模式以 Mg 和 Ge 原子为主，900cm^{-1} 以上的高频声子模式主要由较轻的 H 原子贡献。EPC 计算显示，200 GPa 下 Pm-3-$MgGeH_6$ 结构的 λ 值为 1.16，电子-声子耦合作用有 50%来自于 H 的高频振动。使用 Allen-Dynes 修正的 McMillan 方程[56]计算得到 200 GPa 下 Pm-3-$MgGeH_6$ 的 T_c 为 66.6 K（μ*=0.1）。

5. Li-Si-H

有实验工作报道硅烷（SiH_4）在高于 96 GPa 的压力下转变为超导体，T_c 值为 17 K[33]。由于锂的原子半径较短，电负性较低，将 Li 原子掺杂到二元氢化物 SiH_4 中，是否可以充当电子供体，从而改变 Li-Si-H 体系的晶体结构和超导电性？

对 Li-Si-H 体系在 50～350 GPa 的压力范围内进行结构搜索，发现了四种化学计量比为 $LiSiH_5$、$LiSiH_6$、$LiSi_2H_9$ 和 Li_2SiH_6 的稳定结构以及两种化学计量比为 $LiSiH_4$ 和 $LiSiH_8$ 的亚稳态结构[79]。在这些化学配比中，P-3-$LiSi_2H_9$ 和 $C2/m$-$LiSiH_8$ 在 172 和 250 GPa 时，T_c 值分别为 54 和 77 K。P-3-$LiSi_2H_9$ 结构中每个 Si 原子被 12 个 H 原子包围，Li 原子占据晶格间隙位置，$C2/m$-$LiSiH_8$ 结构由 SiH_{11} 多面体、H_2 单元和 Li 原子组成，晶体结构如图 3.14 所示。

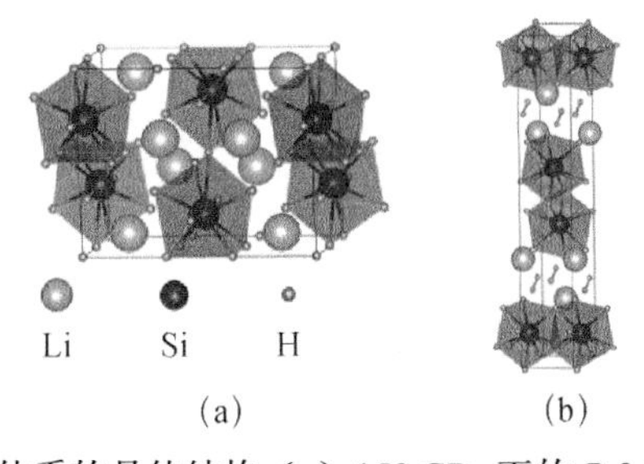

图 3.14　Li-Si-H 体系的晶体结构（a）150 GPa 下的 P-3-$LiSi_2H_9$ 结构，（b）250 GPa 下的 $C2/m$-$LiSiH_8$ 结构（扫描封底二维码可见彩图）（此图来源于文献[76]）

投影电子态密度表明，P-3-$LiSi_2H_9$ 和 $C2/m$-$LiSiH_8$ 为金属相，费米能级附近较高的电子占据态主要由 H 的 1s 轨道电子贡献，因此推测这两种结构可能具有高超导电性。声子谱计算表明，它们的动力学稳定。由于 Li 和 Si 原子质量都比氢原子重，因此低频振动主要由 Li 和 Si 原子贡献。Bader 电荷计算表明，电子从 Li 和 Si 原子转移到 H 原子，每个 Li 原子失去~0.8 个电子，每一个 Si 原子损失～3.0 个电子，这些电子全部转移给了 H 原子。电子局域函数计算结果显示 Li-H 和 Si-H 之间为离子键，这类似于 Mg-Si-H[80]和 Mg-Ge-H[78]系统中金属元素和氢之间的成键特征。通过 Allen-Dynes 修正的 McMillan 方程探索了 P-3-$LiSi_2H_9$ 和 $C2/m$-$LiSiH_8$ 结构在不同压力下的超导性。P-3-$LiSi_2H_9$ 在 172 GPa 下 EPC 参数 λ 为 0.77，T_c 值为 43～54 K（μ^*=0.1～0.13）。$C2/m$-$LiSiH_8$ 结构在 250 GPa 时的 λ 值为 1.08，T_c 值为 77 K（μ^*=0.1）。同时，该工作还提供了一种可能的合成路线来获得 $C2/m$-$LiSiH_8$

超导体：$SiH_4+LiH+3/2H_2 \rightarrow LiSiH_8$。

上述工作体现了 Li 掺杂在化学调节晶体结构中的作用，通过掺杂 Li 原子导致 Si-H 体系的电子性质从非金属相或金属相到高 T_c 超导相的转变，为探索和发现与锂掺杂有关的各种三元富氢化合物的高温超导性提供了依据，为设计高温超导体开辟了新途径。

6. N-Si-H

利用了 CALYPSO 晶体结构预测软件结合第一性原理计算方法对高压下三元 N-Si-H 体系的研究[81]表明，亚稳态相 $NSiH_{11}$（空间群：$P2_1/m$）是一种潜在的超导体。$P2_1/m$-$NSiH_{11}$ 的晶体结构如图 3.15 所示，晶格参数为 a=3.21 Å，b=3.41 Å，c=4.85 Å 和 β=80.46°，N 原子的原子占位为 2e（0.229，0.750，0.066），Si 原子的原子占位为 2e（0.239，0.250，0.056），H 原子的原子占位为 2e（0.837，0.250，0.713），4f（0.112，0.369，0.533），（0.449，0.382，0.305），（0.319，0.118，0.749），（0.376，0.632，0.456）和（0.899，0.376，0.308）。

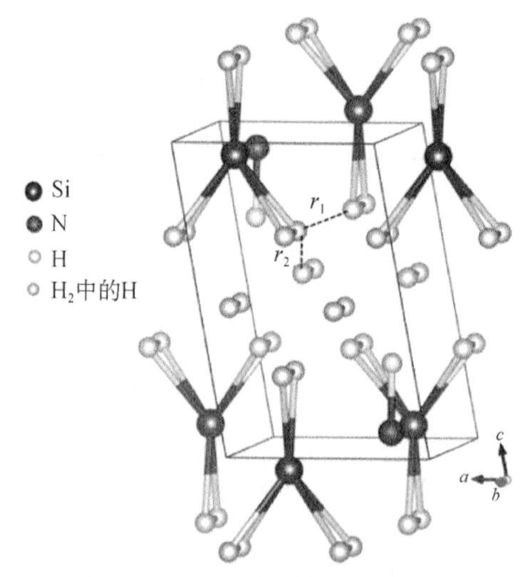

图 3.15　在 300 GPa 下 $P2_1/m$-$NSiH_{11}$ 的晶体结构（扫描封底二维码可见彩图）
（此图来源于文献[81]）

$P2_1/m$-$NSiH_{11}$ 结构在 300 GPa 下的 T_c 值为～110 K。这种高超导电性与体系中以弱共价相连的 H_2 单元中 H-H 相互作用有关。该工作为高压下三元氢化物的进一步实验合成提供了新的超导候选材料。

3.3　其他超导材料（不含 H 元素）

2020 年，通过 CALYPSO 方法在对 Sr-B-C 体系在高压（0～200 GPa）下进行结构搜索时发现了一种 $2Sr@B_6C_6$（SrB_3C_3）笼型结构（空间群为 *Pm*-3*n*），并在实验中被成功合成[82]。笼型框架由一个被截断的八面体笼组成，由 6 个四边形和 8 个六边形组成（4^66^8），24 个 C 和 B 原子交替排列占据到笼型框架的顶点，每个笼子的中心包含一个 Sr^{2+}阳离子，晶体结构如图 3.16 所示。在 50～200 GPa 压力区间，*Pm*-3*n*-SrB_3C_3 的热力学和动力学性质稳定。电子能带结构表明，*Pm*-3*n*-SrB_3C_3 笼合物表现出金属性，费米能级附近的陡峭带和平坦带共存，表明该结构可能是一种超导体。

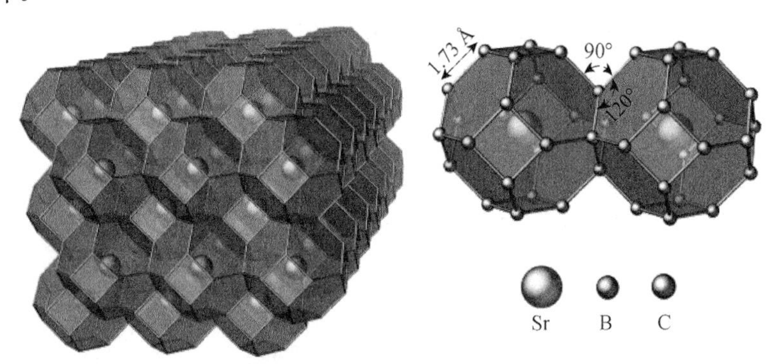

图 3.16　*Pm*-3*n*-SrB_3C_3 晶体结构图（扫描封底二维码可见彩图）
（此图来源于文献[82]）

SrB_3C_3 结构的超导性质研究结果表明费米能级附近的能带结构和电子态密度主要来自 sp^3 杂化的 σ 键，sp^3 杂化的 σ 键与硼的声子振动之间存在较强的耦合作用，超导转变温度为 40 K。进一步用 Ba 取代 Sr 后，由于 BaB_3C_3 的声子软化，转变温度可以提高到 43 K[83]。

基于对高温超导体的不懈追求，高压下富氢化合物超导电性的实验和理论研究都取得了很大突破，在高压下获得了多个具有较高 T_c 的富氢化物。高压下 H_3S 和 LaH_{10} 的高温超导电性的理论和实验发现使人们向室温超导迈出了重要一步。碳质硫氢化物 C-S-H 化合物、“类五角石墨烯状” HfH_{10} 等富氢化合物的优异超导电性进一步激发了人们的探索热情。相信随着理论方法和高压实验技术的不断发展进步，设计与合成新型高温富氢超导体将有更多的突破。

参考文献

[1]Onnes H K. The Resistance of pure mercury at helium temperatures dordrecht[M]. Springer. 1911.

[2]Meissner W，Ochsenfeld R. Ein neuer effekt bei eintritt der supraleitfähigkeit[J]. Naturwissenschaften，1933，21（44）：787-788.

[3]Bardeen J，Cooper L N，Schrieffer J R. Theory of superconductivity[J]. Physical Review，1957，108（5）：1175.

[4]Bardeen J，Cooper L N，Schrieffer J R. Microscopic theory of superconductivity[J]. Physical Review，1957，106（1）：162.

[5]Nagamatsu J，Nakagawa N，Muranaka T，et al. Superconductivity at 39 K in magnesium diboride[J]. Nature，2001，410：63-64.

[6]赵忠贤，陈立泉，杨乾声等. Sr（Ba）-La-Cu 氧化物的高临界温度超导电性[J]. 科学通报，1987，32：412.

[7]Tokura Y，Takagi H，Uchida S. A superconducting copper oxide compound with electrons as the charge carriers[J]. Nature，1989，337（6205）：345-347.

[8]Gao L，Huang Z J，Meng R L，et al. Study of superconductivity in the Hg-Ba-Ca-Cu-O system[J]. Physica C：Superconductivity，1993，213（3-4）：261-265.

[9]Dalladay-Simpson P，Howie R T，Gregoryanz E. Evidence for a new phase of dense hydrogen above 325 gigapascals[J]. Nature，2016，529（7584）：63-67.

[10]Dias R P，Silvera I F. Observation of the Wigner-Huntington transition to metallic hydrogen[J]. Science，2017，355（6326）：715-718.

[11]Zurek E，Bi T G. High-temperature superconductivity in alkaline and rare earth polyhydrides at high pressure：A theoretical perspective[J]. The Journal Chemical Physics，2019，150（5）：050901.

[12]Wang H，Tse J S，Tanaka K，et al. Superconductive sodalite-like clathrate calcium hydride at high pressures[J]. Physical Sciences，2012，109（17）：6463-6466 .

[13]Chen W H，Semenok D V，Kvashnin A G，et al. Synthesis of molecular metallic barium superhydride：pseudocubic BaH_{12}[J]. Nature Communications，2021，12（1）：1-9.

[14]Semenok D，Kvashnin A G，Kruglov I A，et al. Actinium hydrides AcH_{10}，AcH_{12}，and AcH_{16} as high-temperature conventional superconductors[J]. The Journal of Physical Chemistry Letters，

2018，9（8）：1920-1926.

[15]Qian S F，Sheng X W，Yan X Z，et al. Theoretical study of stability and superconductivity of ScH_n（n=4～8）at high pressure[J]. Physical Review B，2017，96（9）：094513.

[16]Feng X L，Zhang J R，Gao G Y，et al. Compressed Sodalite-like MgH_6 as a potential high-temperature superconductor[J]. RSC Advances，2015，5（73）：59292-29296.

[17]Strobel T A，Ganesh P，Somayazulu M，et al. Novel cooperative interactions and structural ordering in H_2S-H_2[J]. Physical Review Letters，2011，107（25）：255503.

[18]Lv J，Sun Y，Liu H Y，et al. Theory-orientated discovery of high temperature superconductors in super hydrides stabilized under high pressure[J]. Matter and Radiation at Extremes，2020，5（6）：068101.

[19]孙莹，刘寒雨，马琰铭. 高压下富氢高温超导体的研究进展[J]. 物理学报，2021，70（1）：017407.

[20]Li H F，Li X，Wang H，et al. Superconducting TaH_5 at high pressure[J]. New Journal of Physics，2019，21：123009.

[21]Ashcroft N W. Metallic hydrogen：A high-temperature superconductor？[J]. Physical Review Letters，1968，21（26）：1748.

[22]Yao Y，Tse J S，Ma Y，K，et al. Superconductivity in high-pressure SiH_4[J]. Europhysics Letters，2007，78（3）：37003.

[23]Satterthwaite C B，Toepke I L. Superconductivity of hydrides and deuterides of thorium[J]. Physical Review Letters，1970，25（11）：741-743.

[24]Skośkiew T. Superconductivity in the palladium-hydrogen system[J]. Physica Status Solidi（b），1973，59（1）：329-334.

[25]Buckel W，Eichler A，Stritzker B. Effect of high pressure on the superconducting transition temperature of Pd-H[J]. Zeitschrift Für Physik，1973，263：1-4.

[26]Stritzker B. High superconducting transition temperatures in the palladium-Noble metal-hydrogen system[J]. Zeitschrift Für Physik，1974，268：261-264.

[27]Welter J M，Johnen F J. Superconducting transition temperature and low temperature resistivity in the niobium-hydrogen system[J]. Zeitschrift Für Physik B Condensed Matter，1977，27：227-232.

[28]Carlsson A E，Ashcroft N W. Approaches for reducing the insulator-metal transition pressure in hydrogen[J]. Physical Review Letters，1983，50（17）：1305-1308.

[29]Ashcroft N W. Hydrogen dominant metallic alloys：high temperature superconductors？[J].

Physical Review Letters，2004，92（18）：187002.

[30]Zhang L J，Wang Y C，Lv J，et al. Materials discovery at high pressures[J]. Nature Reviews Materials，2017，2：17005.

[31]Duan D F，Liu Y X，Ma Y B，et al. Structure and superconductivity of hydrides at high pressures[J]. National Science Review，2017，4：121-135.

[32]Wang Y C，Ma Y M. Perspective：Crystal structure prediction at high pressures[J]. The Journal of Chemical Physics，2014，140（4）：040901.

[33]Eremets M I，Trojan I A，Medvedev S A，et al. Superconductivity in hydrogen dominant materials：Silane[J]. Science，2008，319（5869）：1506-1509.

[34]Mao H K，Chen X J，Ding Y，et al. Solids，liquids，and gases under high pressure[J]. Reviews of Modern Physics，2018，90（1）：015007.

[35]Buzea C，Robbie K. Assembling the puzzle of superconducting elements：A review[J]. Superconductor Science and Technology，2005，18（1）：R1-R5.

[36]Shimizu K. Superconductivity from insulating elements under high pressure[J]. Physica C：Superconductivity and its Applications，2015，514：46-49.

[37]Rotundu C R，Ćuk T，Greene R L，et al. High-pressure resistivity technique for quasi-hydrostatic compression experiments[J]. Review of Scientific Instruments，2013，84（6）：063903.

[38]Wang Y C，Lv J，Zhu L，et al. CALYPSO：A method for crystal structure prediction[J]. Computer Physics Communications，2012，183（10）：2063-2070.

[39]Jansen M. Conceptual inorganic materials discovery-A road map[J]. Advance Materials，2015，27（21）：3229-3242.

[40]Liu H Y，Cui W W，Ma Y M. Hybrid functional study rationalizes the simple cubic phase of calcium at high pressures[J].The Journal of Chemical Physics，2012，137（18）：184502.

[41]Zurek E，Grochala W. Predicting crystal structures and properties of matter under extreme conditions via quantum mechanics：the pressure is on[J]. Physical Chemistry Chemical Physics，2015，17（5）：2917-2934.

[42]Drozdov A P，Eremets M I，Troyan I A，et al. Conventional superconductivity at 203 kelvin at high pressures in the sulfur hydride system[J]. Nature，2015，525：73-76.

[43]Drozdov A P，Kong P P，Minkov V S，et al. Superconductivity at 250 K in lanthanum hydride under high pressures[J]. Nature，2019，569（7757）：528-531.

[44]Somayazulu M，Ahart M，Mishra A K，et al. Evidence for superconductivity above 260 K in

lanthanum superhydride at megabar pressures[J]. Physical Review Letters，2019，122（2）：027001.

[45]Duan D F，Liu Y X，Tian F B，et al. Pressure-induced metallization of dense（H_2S）$_2H_2$ with high-T_c superconductivity[J]. Scientific Reports，2014，4：6968.

[46]Papaconstantopoulos D A，Klein B M，Mehl M J，et al. Cubic H_3S around 200 GPa：An atomic hydrogen superconductor stabilized by sulfur[J]. Physical Review B，2015，91（18）：184511.

[47]Quan Y D，Picket W E. Van hove singularities and spectral smearing in high-temperature superconducting H_3S[J]. Physical Review B，2016，93（10）：104526.

[48]Azadi S，Foulkes W M C. Fate of density functional theory in the study of high-pressure solid hydrogen[J]. Physical Review B，2013，88（1）：014115.

[49]Allen P B. Neutron spectroscopy of superconductors[J]. Physical Review B，1972，6（7）：2577.

[50]Einaga M，Sakata M，Ishikawa T，et al. Crystal structure of the superconducting phase of sulfur hydride[J]. Nature Physics，2016，12（9）：835-838.

[51]Li Y W，Wang L，Liu H Y，et al. Dissociation products and structures of solid H_2S at strong compression[J]. Physical Review B，2016，93（2）：020103（R）.

[52]Bernstein N，Hellberg C S，Johannes M D，et al. What superconducts in sulfur hydrides under pressure，and why[J]. Physical Review B，2015，91（6）：060511（R）.

[53]Goncharov A F，Lobanov S S，Prakapenka V B，et al. Stable high-pressure phases in the H-S system determined by chemically reacting hydrogen and sulfur[J]. Physical Review B，2017，95（14）：140101（R）.

[54]Li Y W，Hao J，Liu H Y，et al. The metallization and superconductivity of dense hydrogen sulfide[J]. The Journal of Chemical Physics，2014，140（17）：174712.

[55]Zhang S T，Wang Y C，Zhang J R，et al. Phase diagram and high temperature superconductivity of compressed selenium hydrides[J]. Scientific Reports，2015，5：15433.

[56]Allen P B，Dynes R C. Transition temperature of strong-coupled superconductors reanalyzed[J]. Physical Review B，1975，12（3）：905-922.

[57]Liu H Y，Naumova I I，Hoffmannb R，et al. Potential high-T_c superconducting lanthanum and yttrium hydrides at high pressure[J]. Proceedings of the National Academy Sciences of the United States of America，2017，144（27）：6990-6995.

[58]Bağcı S，Tütüncü H M，Duman S，et al. Phonons and superconductivity in fcc and dhcp lanthanum[J]. Physical Review B，2010，81（14）：144507.

[59]Peng F，Sun Y，Pickard C J，et al. Hydrogen clathrate structures in rare earth hydrides at high pressures：Possible route to room-temperature superconductivity[J]. Physical Review Letters，2017，119（10）：107001.

[60]Li X，Huang X L，Duan D F，et al. Polyhydride CeH_9 with an atomic-like hydrogen clathrate structure[J]. Nature Communications，2019，10（1）：3461.

[61]Zhou D，Semenok D V，Duan D F，et al. Superconducting praseodymium superhydrides[J]. Science Advances，2020，6（9）：eaax6849.

[62]Zhou D，Semenok D V，Xie H，et al. High-pressure synthesis of magnetic neodymium polyhydrides[J]. Journal of the American Chemical Society，2020，142（6）：2803-2811.

[63]Drozdov A P，Minkov V S，Besedin S P，et al. Superconductivity at 215 K in lanthanum hydride at high pressures[J]. arXiv：1808・07039，1909：10482.

[64]Troyan I A，Semenok D V，Kvashnin A G，et al. Anomalous high-temperature superconductivity in YH_6[J]. Advanced Materials，2021，33（15）：2006832.

[65]Kvashnin A G，Semenok D V，Kruglov I A，et al. High-temperature superconductivity in a Th-H system under pressure conditions[J]. ACS Applied Materials & Interfaces，2018，10（50）：43809-43816.

[66]Semenok D V，Kvashnin A G，Ivanova A G，et al. Superconductivity at 161 K in thorium hydride ThH_{10}：Synthesis and properties[J]. Materials Today，2020，33：36-44.

[67]Pépin C M，Geneste G，Dewaele A，et al. Synthesis of FeH_5：A layered structure with atomic hydrogen slabs[J]. Science，2017，357（6349）：382-385.

[68]Zhong X，Wang H，Zhang J R，et al. Tellurium hydrides at high pressures：High-temperature superconductors[J]. Physical Review Letters，2016，116（5）：057002.

[69]Zhou D W，Jin X L，Meng X，et al. Ab initio study revealing a layered structure in hydrogen-rich KH_6 under high pressure[J]. Physical Review B，2012，86（1）：014118.

[70]Xie H，Yao Y S，Feng X L，et al. Hydrogen pentagraphenelike structure stabilized by hafnium：A high-temperature conventional superconductor[J]. Physical Review Letters，2020，125（21）：217001.

[71]Muramatsu T，Wanene W K，Somayazulu M，et al. Metallization and superconductivity in the hydrogen-rich ionic salt $BaReH_9$[J]. The Journal of Physical Chemistry C，2015，119（32）：18007-18013.

[72]Meng D Z，Sakata M，Shimizu K，et al. Superconductivity of the hydrogen-rich metal hydride

Li_5MoH_{11} under high pressure[J]. Physical Review B，2019，99（2）：024508.

[73]Sun Y，Lv J，Xie Y，et al. Route to a superconducting phase above room temperature in electron-doped hydride compounds under high pressure[J]. Physical Review Letters，2019，123（9）：097001.

[74]Liang X W，Bergara A，Wang L Y，et al. Potential high-T_c superconductivity in $CaYH_{12}$ under pressure[J]. Physical Review B，2019，99（10）：100505（R）.

[75]Sun Y，Tian Y F，Jiang B W，et al. Computational discovery of a dynamically stable cubic SH_3-like high-temperature superconductor at 100 GPa via CH_4 intercalation[J]. Physical Review B，2020，101（17）：174102.

[76]Cui W W，Bi T G，Shi J M，et al. Route to high-T_c superconductivity via CH_4-intercalated H_3S hydride perovskites[J]. Physical Review B，2020，101（13）：134504.

[77]Snider E，Dasenbrock-Gammon N，McBride R，et al. Room-temperature superconductivity in a carbonaceous sulfur hydride[J]. Nature，2020，586：373-377.

[78]Ma Y B，Duan D F，Shao Z J，et al. Prediction of superconducting ternary hydride $MgGeH_6$: From divergent high-pressure formation routes[J]. Physical Chemistry Chemical Physics，2017，19（40）：27406-27412.

[79]Zhang P Y，Sun Y，Li X，et al. Structure and superconductivity in compressed Li-Si-H compounds：Density functional theory calculations[J]. Physical Review B，2020，102（18）：184103.

[80]Ma Y B，Duan D F，Shao Z J，et al. Divergent synthesis routes and superconductivity of ternary hydride $MgSiH_6$ at high pressure[J]. Physical Review B，2017，96（14）：144518.

[81]Liu Y，Sun Y，Gao P Y. The superconductivity of N-Si-H compounds at high pressure[J]. Solid State Communications，2021，329：114260.

[82]Zhu L，Borstad G M，Liu H Y，et al. Carbon-boron clathrates as a new class of sp^3-bonded framework materials[J]. Science Advances，2020，6（2）：8361.

[83]Wang J N，Yan X W，Gao M. High-temperature superconductivity in SrB_3C_3 and BaB_3C_3 predicted from first-principles anisotropic Migdal-Eliashberg theory[J]. Physical Review B，2021，103（14）：144515.

第4章　在储能材料设计中的应用

4.1　储氢材料

化石能源是不可再生资源，也是目前世界上使用量最大的能源。在工业、交通、供暖等一切与人们生活息息相关的行业中，都需要消耗燃烧大量的煤炭、石油和天然气。这些碳氢化合物燃料燃烧时所产生的废气或有毒气体，不仅破坏生态环境导致温室效应，而且对人类的生存和发展也产生了诸多不良影响。因此，为满足当今世界和未来世界的能源需求，加速传统不可再生能源向绿色环保可再生能源之间的转换，是目前迫切需要解决的问题[1]。

氢是地球上最丰富的元素之一，氢气燃烧后的产物是水蒸气，对环境没有污染，因此氢气是一种储量丰富、清洁且无毒友好型的可再生燃料[2-4]。氢气的燃烧值很高，单位质量的氢气包含的化学能为142MJ/kg，至少是其他等质量化石燃料（47MJ/kg）的三倍，所以氢气燃烧时放出的热量可作为能源使用[5]。目前，氢气在炼油厂的加氢裂化和脱硫、农业生产肥料、氨和甲醇生产、食品加工等方面应用广泛[6]。

解决氢的存储问题，是实现其广泛使用的关键。储氢技术可分为两大类：基于物理的存储技术和基于材料的存储技术。基于物理的存储技术包括以压缩气体形式储存氢气、冷/低温压缩和液态氢储存[7-9]。基于材料的存储技术主要有化学吸附和物理吸附[10-12]。与化石燃料相比，因氢气的体积能量密度较低（9.9MJ/m^3）[13]，需要较大容积的储存容器，从而在其存储、运输及使用方面产生不便，并且成本相对较高。因此，通过高储存压强、低储存温度或使用能够大量吸附氢分子的材料可以克服以上缺点[6]。

扩大氢气应用范围的关键在于找到稳定的固态贮氢材料，探究具有高质量储氢密度（GHD）的贮氢材料一直是当今科学研究的热点[8]。一些由轻元素构成的复杂氢化物[14-18]因其较高的 GHD 而备受关注。例如，钠铝酸 $NaAlH_4$ 和铝酸镁 $Mg(AlH_4)_2$，分别具有 7.5wt%和 9.6wt%的氢容量。具有高 GHD（15.0wt%）的锂铍氢化物（例如 $LiBeH_3$ 和 Li_2BeH_4）被视为理想的贮氢材料[19-22]。根据氢化铍锂的可逆反应路径：$n\mathrm{LiH}+m\mathrm{Be}+m\mathrm{H_2}\Leftrightarrow \mathrm{Li}_n\mathrm{Be}_m\mathrm{H}_{n+2m}$，提出了一系列的 $\mathrm{Li}_n\mathrm{Be}_m\mathrm{H}_{n+2m}$（例如，$n$=1，2，3；$m$=1），并且在实验上合成了 $LiBeH_3$ 和 Li_2BeH_4 两种化学组分的锂铍氢化物[21,22]。

为了寻找新的高储氢密度的锂铍氢化物，吉林大学马琰铭教授课题组采用 CALYPSO 晶体结构预测方法在 0～300 GPa 压强范围内寻找锂铍氢化物的稳定结构[23]，并预测出 $LiBe_2H_5$ 和 $LiBeH_5$ 两种新型氢化物高压相。结构搜索中电子交换关联函数采用的是基于广义梯度近似的 PBE 函数和 PAW 赝势，其中 Li、Be、H 的价电子分别选为 $1s^12s^12p^1$、$2s^22p^1$、$1s$。结构优化采用的是基于密度泛函理论的 VASP 软件包。平面波截断能选为 800 eV，布里渊区中 k-mesh 的取样则采用 MonkhorstPack 方式。在 0～300 GPa 压强范围内的结构搜索中选取了 1～4 倍胞，优化自洽的能量收敛为 1×10^{-5} eV，优化的力收敛达到 0.001 eV/Å。利用 Bader 分析了电荷转移，采用的 grid 点为 640×640×640。为了从晶格动力学研究结构的稳定性，采用超胞的方法使用 PHONOPY 软件包进行声子计算，并用 CASTEP 程序对体积结构进行了成键重叠布居分析。

$LiBe_2H_5$ 和 $LiBeH_5$ 的热力学稳定性计算基于不同反应路径的形成能：①$LiBeH_3$ 与 BeH_2 或者 H_2 反应；②LiH 与 BeH_2 反应；③LiH 与铍单质反应，再进行加氢反应。计算结果表明，压强大于 228 GPa 时，$LiBe_2H_5$ 可以稳定存在，形成层状正交结构（空间群为 *I4/mcm*）。*I4/mcm* 相的晶格参数为：a=b=3.643 Å，c=5.784 Å。*I4/mcm* 结构由聚合网状结构的 BeH_8 层和独立的 Li 原子层互相交替构成，如图 4.1（a）所示。$LiBeH_5$ 化合物在 67～225 GPa 压强下形成具有热力学稳定的单斜 *P21/m* 结构，其中氢原子有两种占位方式，分别为孤立的 H_2 分子和 BeH_6 多面体顶点位置，如图 4.1（b）所示。*P21/m* 结构的晶格参数为：a=4.657 Å，b=2.041 Å，c=4.070 Å。压强高于 225 GPa 时，$LiBeH_5$ 相变为另一种空间群为 *C2/m* 的单斜结构，晶格参数为：a=8.149 Å，b=2.859 Å，c=5.383 Å，结构中含有特殊的 H_3^- 单元和 BeH_7 多面体，如图 4.1（c）所示。

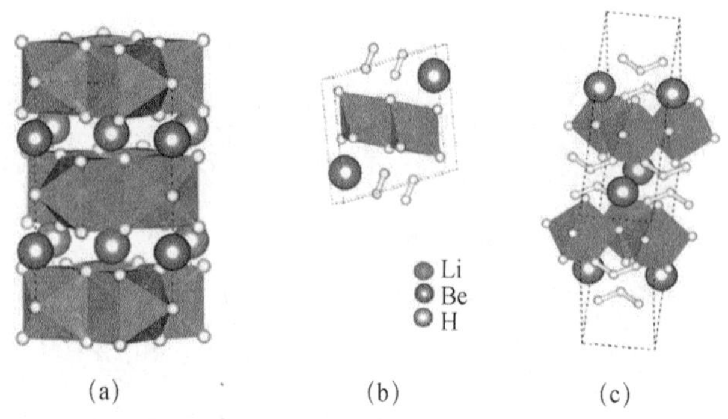

图 4.1 (a)*I*4/*mcm*-$LiBe_2H_5$ 的晶体结构，(b)*P*21/*m*-$LiBeH_5$ 的晶体结构，(c)*C*2/*m*-$LiBeH_5$ 的晶体结构（扫描封底二维码可见彩图）
（此图来源于文献[23]）

由于氢原子质量很小，其零点能（ZPE）会对富氢材料的总能有较大影响。因此通过准简谐模型进一步计算了预测结构的 ZPE，发现在焓值计算中考虑 ZPE 对这两种氢化物的稳定性没有影响。通过采用超胞的方法计算的声子谱表明，$LiBe_2H_5$ 和 $LiBeH_5$ 体系结构在相应压强点下的声子谱在整个布里渊区内不存在虚频，证明预测的 $LiBe_2H_5$ 和 $LiBeH_5$ 体系结构都是动力学稳定的。

通过 $LiBe_2H_5$ 和 $LiBeH_5$ 的储氢密度和吸放氢的研究结果表明，$LiBe_2H_5$（GHD=16.79wt%）和 $LiBeH_5$（GHD=24.01wt%）的储氢密度高于 $LiBeH_3$（GHD=15.94wt%），且它们的形成焓低于 $LiBeH_3$。因此，$LiBe_2H_5$ 和 $LiBeH_5$ 的放氢过程对温度的要求比 $LiBeH_3$ 低，是潜在的具有低脱氢激活势垒、可作为高储氢密度的新型 Li-Be-H 体系储氢材料。

4.2 高能量密度材料

19 世纪，诺贝尔成功研制了硝化甘油爆破材料，为现代社会的发展做出了巨大的贡献，此后人类对高性能爆破材料、储能材料、能源材料等高能量密度材料的探索从未停止。随着资源的日益匮乏，人类迫切希望能够找到具有高反应速度、高密度、高应用性、高可靠性、高安全性和较大的承载能力的储能密度材料[24-26]。然而，传统的含能材料在应用过程中会产生大量的污染，例如煤炭使用量的日益猛增产生了大量的 SO_2、NO_x 气体，加剧了全球温室效应和酸雨的形成，对人类生活和身体健康造成了恶劣的影响。此外，一些能源材料在安全使用方面仍存在弊端，例如核能目前还不能广泛应用于人类生活中。因此，探索环境友好、无毒的高能量密度材料已成为全世界相关领域科学家密切关注的焦点。

在含能材料中，聚合氮因其生成物为清洁无毒的氮气分子，可以广泛应用于钝感高能炸药、推进剂以及气体发生剂等方面，成为含能材料领域的研究热点。由于 N≡N 的键能（954kJ/mol）约为 N-N 单键键能（160kJ/mol）的 6 倍，当聚合氮分解为氮气分子（N≡N）时将会释放出巨大的能量，能量密度值为高爆炸药（TNT）能量值的 6～8 倍，因此聚合氮是一种非常有应用前景的储能材料。

目前，在实验合成聚合氮研究中存在一些待解决的问题，例如合成聚合氮一般需要在高温高压（2000 K，110 GPa）环境中进行，并且聚合氮常压下结构不稳定、具有爆炸性，实验探索新型聚合氮具有一定的风险，因此在一定程度上限制了聚合氮的研究。为了提高聚合氮结构的稳定性、降低合成压力，人们开始将注意力转移到叠氮化合物和富氮金属化合物上。叠氮化合物的叠氮根离子（N_3^-）中 N 原子之间以 N=N 双键结合，键能（420kJ/mol）远低于 N≡N，合成聚合氮时破坏 N=N 要比 N≡N 更加容易，因此采用叠氮化合物为前躯体合成聚合氮能够降低合成压力。另一种降低合成压力的方法是在聚合氮中掺入金属元素形成富氮金属化合物，通过化学预压的方法实现降低合成压力的目的。虽然氮的百分含量降低，相比纯聚合氮材料的储能密度会降低，但其能量值仍然可以达到 TNT 能量值的 4～5 倍，因此也被视为一种潜在的高能量密度材料[27]。随着晶体结构预测方法和第一性原理计算方法的发展，人们已经能够通过理论方法从分子尺度上对聚合氮进行结构设计，进而指导实验合成出具有高能量密度的聚合氮。

4.2.1　纯聚合氮

1985 年，McMahan 等人[28]通过第一性原理预言对 N_2 分子施加压力，固体氮分子在压强 100 GPa 下会转变为具有 N-N 单键的晶体结构，即聚合氮。Mailhiot 等人[29]在 1992 年首次预测了氮分子在压力下的聚合，形成“cubic gauche”（cg-N）骨架结构（空间群为 $I2_13$），三维的骨架结构由 N-N 单键键合而成，每个氮原子与邻近的其他三个氮原子连接，晶体结构如图 4.2 所示。经计算，*cg*-N 是高能量密度材料，能态密度为 9.7kJ/g，该能量密度值远高于是我们所熟知的 TNT（4.3kJ/g）

及 HMX（5.7kJ/g）等高能量密度材料[30]。2004 年，德国科学家 Eremets 等人[31]在实验上成功合成了 *cg*-N，室温下至少稳定到 42 GPa。但 *cg*-N 的合成条件较为苛刻（压力 110 GPa 和温度 2000 K），且常压下不稳定，限制了它在低压下的实际应用。十年后，Tomasino 等人[32]利用金刚石对顶砧装置及激光加热技术，在压强为 150 GPa 和温度为 3000 K 条件下成功制备了层状类黑磷聚合氮（LP-N，空间群 *Pba*2）。

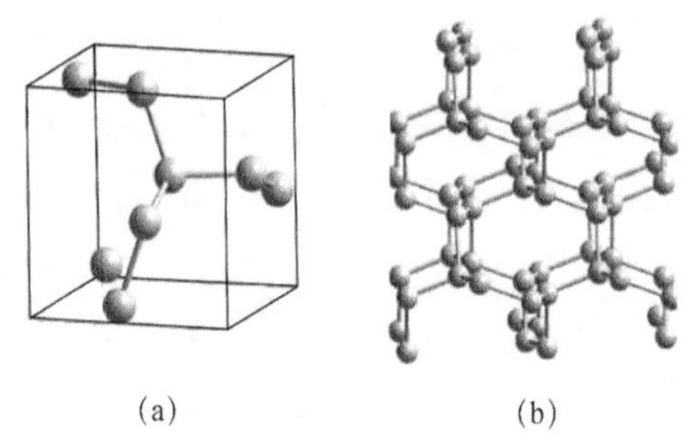

（a）　　　　（b）

图 4.2　（a）*cg*-N 的晶体结构，（b）*cg*-N 的延伸结构（扫描封底二维码可见彩图）
（此图来源于文献[31]）

已知的低压氮单质的相变序列为 $\alpha\rightarrow\gamma\rightarrow\varepsilon\rightarrow\delta$ 相，相变点分别为 0.4 GPa、11 GPa 和 18 GPa，α 相、γ 相和 ε 相的空间群分别为 *Pa*-3、$P4_2/mnm$ 和 *R*-3*c*，δ 相的空间群未知。为了探索氮的高压结构，利用晶体结构方法预言了氮的 4 个高压结构[33]，空间群分别为 $P\text{-}42_1/m$，*Pba*2（或 *Iba*2），$P2_1/c$，$P2_12_12_1$，其中 *Pba*2（或 *Iba*2）和 $P2_12_12_1$ 为聚合氮结构，晶体结构如图 4.3 所示。*Pba*2 相的稳定压力区间为 188～320 GPa，$P2_12_12_1$ 相稳定的压力区间为 320～400 GPa。*cg*-N 结构在 188 GPa 以下最稳定，随后相变成 *Pba*2 相。此工作确定了高压下氮的相变序列为 $cg\rightarrow Pba2\rightarrow P2_12_12_1$，相变点分别为 188 和 320 GPa。在它们各自稳定的压力区间内，*Pba*2 相和 $P2_12_12_1$ 与实验上已经合成的 *cg*-N（空间群为 $I2_13$）相比更加稳定。

在高压下通过 CALYPSO 晶体结构预测方法对分子氮进行结构搜索，在高于 263 GPa 的压力下发现了一种新型的类金刚石 N_{10} 笼子[34]。它采用高度对称的体心立方结构，空间群为 *I*-43*m*，每个晶胞中含有 20 个氮原子。在 300 GPa 压强下，晶格参数为 a=4.287 Å，氮原子占据 2 个不等价位置 12*e*（x，0，0）、8*c*（y，y，y），x=0.3532，y=0.6745。该结构由位于 *bcc* 位置的 N_{10} 笼子组成，每个笼子包含 10 个氮原子，与六个相邻的 N_{10} 笼子通过共价键结合，如图 4.4 所示。氮已知的高压相变序列为 $cg\text{-N}\rightarrow Pba2\rightarrow P2_12_12_1$，压强为 188 GPa 时 *cg*-N 相变到 *Pba*2 相，当压强增加到 263 GPa 以上，预测出的 N_{10} 结构能量最占优势。随着压强的增加，N_{10} 结构和 $P2_12_12_1$ 结构之间的焓值差越来越大。在压强高于 260 GPa 和温度高于 2000 K 的条件下有可能实验合成预测的 N_{10} 结构。

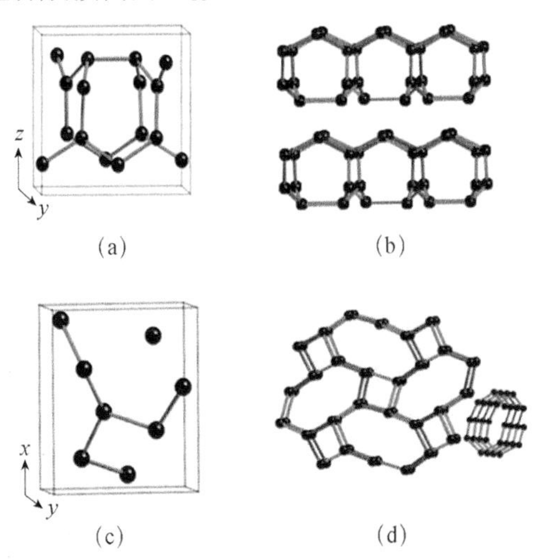

图 4.3　（a）*Pba*2 结构的晶体结构，（b）*Pba*2 结构的延伸结构，（c）$P2_12_12_1$ 结构的晶体结构，（d）$P2_12_12_1$ 结构的延伸结构（扫描封底二维码可见彩图）
（此图来源于文献[33]）

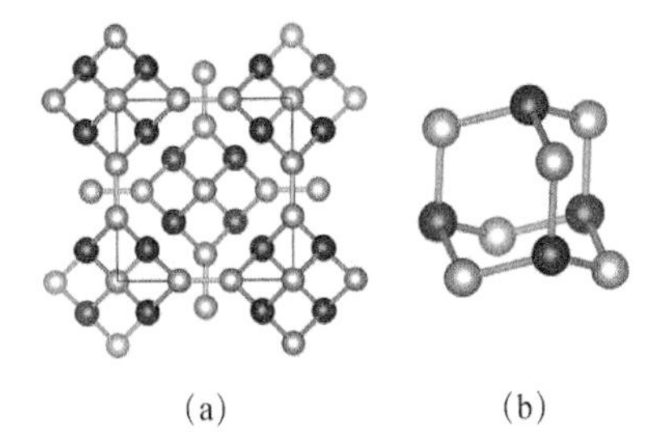

图 4.4　（a）N_{10} 结构的俯视图，（b）N_{10} 结构的侧视图（扫描封底二维码可见彩图）
（此图来源于文献[34]）

随后，科研人员将聚合氮的研究压强扩展到 TPa[35]，并发现了三个新结构聚合氮：*P*4/*nbm*、$P2_1$ 和 *R*-3*m*。*P*4/*nbm* 结构稳定的压力区间为 2.5～6.8TPa，层状的 $P2_1$ 结构稳定的压力区间为 6.8～12.6TPa，晶体结构如图 4.5 所示。*R*-3*m* 结构稳定的压力区间为 12.6～30TPa。

人们利用 CALYPSO 晶体结构预测方法搜索到了一种新的氮分子晶体 N_6[36]，其中包含 N-N 单键和 N≡N 三键的开链结构，如图 4.6 所示。结构优化和电子性质计算使用的是 VASP 软件包，为了保证计算的准确性，选用了 400 eV 作为平面波截断能，K 点的选取是 12×12×12。计算声子谱时，采用 2×2×2 倍超胞。分子动力学结果表明，N_6 分子晶体在室温附近是动力学稳定的，当达到 700 K 以上时分解为 N_2 分子。N_6 分子晶体可能在高压高温条件下合成，由于 N-N 单键和 N≡N 三键之间存在巨大的能量差异，N_6 分子晶体的解离将释放大量能量（～185kcal/mol），同时在环境条件下，N_6 晶体在热力学稳定性上比实验合成的 *cg*-N 相高。因此，这种 N_6 型聚合氮将是一种高效的储能材料。

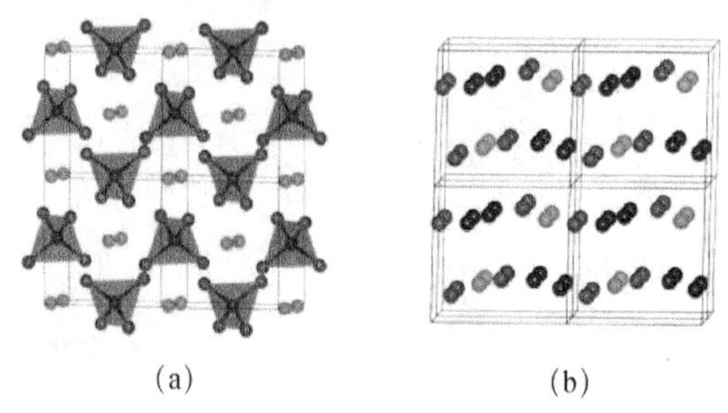

图 4.5 （a）*P4/nbm* 的晶体结构图，（b）$P2_1$ 的晶体结构图（扫描封底二维码可见彩图）（此图来源于文献[35]）

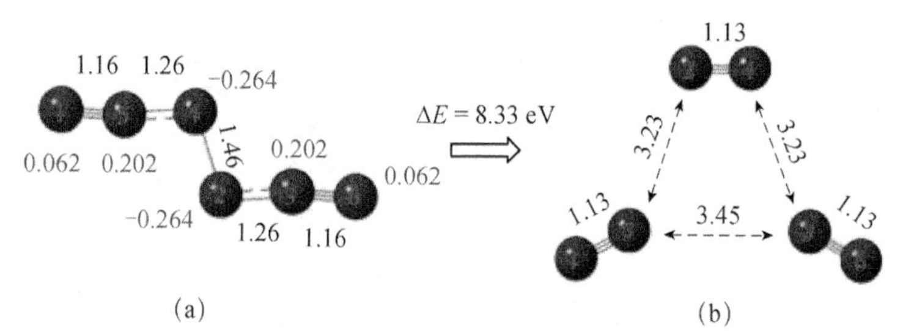

图 4.6 （a）优化的 C_{2h} 的几何结构，（b）分解为 N_2（扫描封底二维码可见彩图）（此图来源于文献[36]）

一种含有 N_8 分子的聚合氮通过晶体结构预测方法也被预测出来[37]，N_8 分子结合在一起的相互作用是弱的范德华力和静电力。根据计算，该固相在低压强下（<20 GPa）具有比 *cg*-N 聚合氮更稳定的结构。分解成 N_2 分子后，将会放出 260 kcal/mol 的能量，因此也被视为一种潜在的高能量密度材料。

4.2.2 碱金属氮化物

在聚合氮中引入金属离子形成化学预压作用能够有助于降低聚合氮的合成压力，同时金属原子可以提供多余的电子，有助于提高聚合氮的稳定性，因此科研人员在探索富氮金属化合物方面也做了大量的研究工作。

1. Li-N 化合物

2004 年，实验合成了一种含有 N_5^+结构的高能量密度材料 $N_5^+SbF_6^-$，随后人们开展了大量的理论工作探索实验上可能合成的、含有 N_5^+结构的新型高能密度材料。基于波恩–哈勃循环理论，Li^+能够提供较大的电子亲和能，导致 N_5 分子解离成 N_5^+，提高聚合氮在的稳定性。

马琰铭教授[38]课题组利用 CALYPSO 晶体结构预测方法在 0～100 GPa 压强范围内对 Li-N 体系进行结构搜索，发现了一种含有 N 五环的 LiN_5 聚合氮。当压强低于 20 GPa 时，$P2_1$-LiN_5 相的能量最稳定，当压强高于 20 GPa 时，相变为 $P2_1/m$-LiN_5 相，如图 4.7 所示。

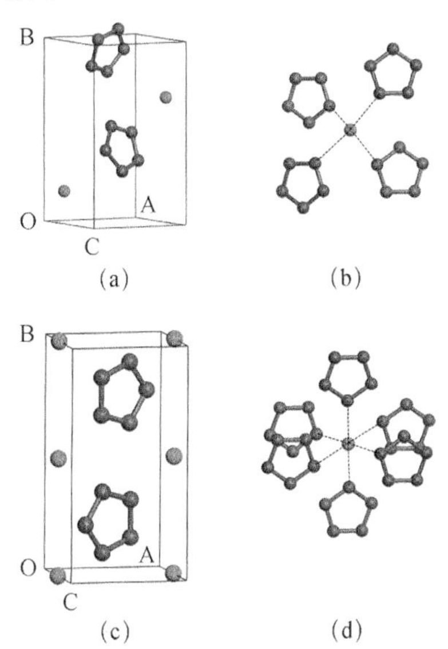

图 4.7 （a）$P2_1$-LiN_5 结构的单胞，（b）围绕 Li 以四面体方式排列的 N_5 分子，（c）$P2_1/m$ 结构的单胞，（d）围绕 Li 以八面体方式排列的 N_5 分子（扫描封底二维码可见彩图）

（此图来源于文献[38]）

LiN_5 中，N-N 之间以共价键相连形成 N_5 环，$P2_1$-LiN_5 结构中每个 Li 原子与 4 个 N_5 环配位形成扭曲的四面体，$P2_1/m$ 结构晶体结构中每个 Li 原子与 6 个 N_5 环配位形成八面体，LiN_5 结构如图 4.7 所示。电荷转移和电子态密度计算表明，Li 原子电子转移到了邻近的 N_5 分子中，形成 N_5^-阴离子，Li^+阳离子和 N_5^-阴离子之间的静电相互作用对 LiN_5 结构的稳定性起到了关键作用。LiN_5 分解时将会释放相当大的能量，能量密度值约为 $2.72kJ \cdot g^{-1}$，如果实验能够将其成功制备，LiN_5 将会成为非常重要的高能量密度材料之一。

除 LiN_5 氮化物外，在 0～200GP 压强范围内通过 CALYPSO 晶体结构预测方法对 Li-N 体系的 1～4 倍胞进行结构搜索，在高于 34.7 GPa 时预测到一种六方 $P6/m$-LiN_3 结构[39]。LiN_3 的高压相变显示在 0～25 GPa 压强范围内 LiN_3 为 $C2/m$ 相，如图 4.8（a）所示。当压强升高至 34.7 GPa 时，$C2/m$ 相转变为了 $P6/m$ 相，$C2/m$ 结构中相互平行排列的 N_3^- 阴离子转变为类似苯环的“N_6”分子，位于同一层的 N_6 分子与 Li 层交替排列形成“三明治”结构，每个 Li 原子与最近邻的 6 个 N 原子以离子键相互连接，如图 4.8（b）、（c）所示。50 GPa 下 $P6/m$ 结构的晶格参数为：a=b=4.918 Å，c=2.376 Å，Li 原子位于 2d（1/3，2/3，1/2），氮原子位于 6j（0.191，0.305，0）的位置。

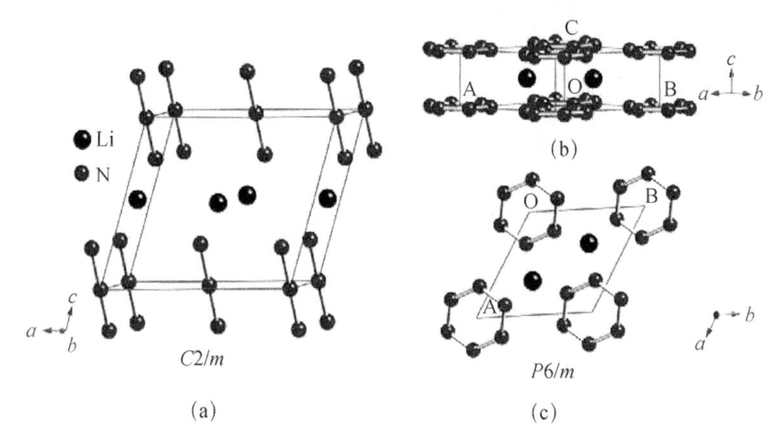

图 4.8　（a）$C2/m$-LiN_3 的晶体结构，（b）$P6/m$-LiN_3 的晶体结构，（c）$P6/m$-LiN_3 的沿 c 轴方向的视角（扫描封底二维码可见彩图）（此图来源于文献[39]）

毛河光院士课题组[40]利用 CALYPSO 晶体结构预测方法在 0～600 GPa 压强范围内对 LiN_3 的高压相变进行了探索，发现一种新的 LiN_3 高压相，空间群为 $P2_1$。$P2_1$-LiN_3 在 400 GPa 压强下的晶格参数为：a=4.070 Å，b=3.015 Å，c=2.402 Å。Li 原子位于 2a（0.0573，0.7929，0.0219），N 原子占据 3 个不等价位置 2a（0.3182，0.1459，0.3840），2a（0.5921，0.2824，0.2626）和 2a（0.1833，0.4729，0.5706）。$P2_1$-LiN_3 结构中，最近邻的两个 N_5 环共用一个 N-N 单键连接，以锯齿状排列形成链状结构，如图 4.9 所示。声子谱的计算结果表明，在 375～600 GPa 压强范围内，$P2_1$-LiN_3 结构的动力学稳定。

2. Na-N 化合物

张美光等人[41]通过 CALYPSO 晶体结构预测方法在 0～200 GPa 压强范围对 NaN_3 化合物进行搜索，发现了三种具有 *I4/mcm*，*P6/m* 和 *C2/m* 对称性的稳定结构。在 30 GPa 压强下，*I4/mcm*-NaN_3 的晶格参数为：a=5.221 Å，c=5.212 Å。Na 原子位于 4a（0，0，0.25），氮原子占据 2 个不等价位置 4d（0.5，0，0），8h（0.158，0.658，0）。在 90 GPa 压强下 *P6/m*-NaN_3 的晶格参数为：a=5.076 Å，c=2.315 Å。钠原子位于 2c（0.333，0.667，0），氮原子位于 6j（0.276，0.226，0.5）。在 180 GPa 压强下，*C2/m*-II-NaN_3 的晶格参数为：a=6.911 Å，b=2.102 Å，c=2.315 Å。钠原子位于 4m（0.943，0，0.198），氮原子占据 3 个不等价位置，分别为 4m（0.583，0，0.398），4m（0.195，0，0.391）和 4m（0.697，0，0）。从 *I4/mcm*→*P6/m*→*C2/m*-II 的理论相变压强分别为 58 GPa 和 152 GPa，这与实验数据的 50 GPa 和 120～160 GPa 一致。

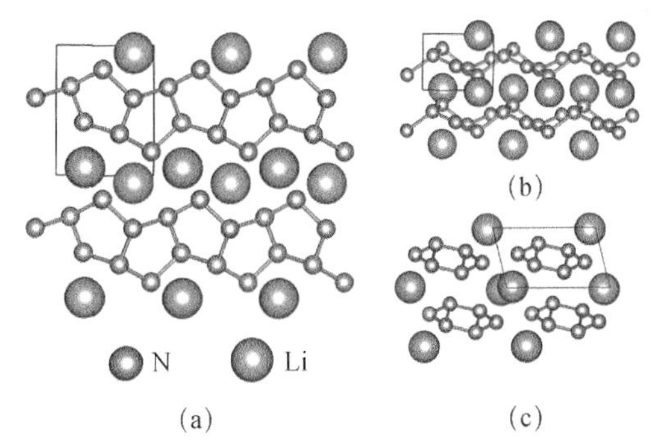

图 4.9 $P2_1$-LiN_3 的晶体结构（a）沿 a 轴方向视角，（b）沿 b 轴方向视角，（c）沿 c 轴方向视角（扫描封底二维码可见彩图）

（此图来源于文献[40]）

3. K-N 化合物

利用 CALYPSO 晶体结构预测方法在 0～400 GPa 压强范围对 KN_3 化合物进行高压相变研究，发现了三种新的 KN_3 高压相，分别为 *C2/m*、*P6/mmm* 和 *C2/m*-II 相[42]。在 20 GPa 压强下，*C2/m* 相能量最稳定，三个氮原子形成一个 N^{3-} 阴离子，晶格参数为 a=4.426 Å，b=4.474 Å，c=5.516 Å，β=123.427°。K 原子占据 2a（0，0，0）位置，N 原子占据 2c（1/2，−1/2，1/2）和 4i（0.809，−1/2，0.684）位置。在 150 GPa 压强下，*P6/mmm* 相最稳定，其晶格参数为：a=b=5.202 Å，c=2.259 Å。K 原子位于 2d（1/3，2/3，1/2），N 原子位于 6j（0.756，0.756，0）。*P6/mmm* 相中的 N 原子形成类苯环的 N_6 单元。K 原子和 N 原子位于不同的层中，构成了 N-K-N

“三明治”结构。KN_3 在 350 GPa 压强下为 *C*2/*m*-II 相，晶格参数为：*a*=7.365 Å，*b*=2.092 Å，*c*=5.731 Å，*β*=111.977°。K 原子位于 4*i*（0.061，1，0.706），N 原子占据 3 个不等价位置 4*i*（0.183，0，0.097），4*i*（0.911，0.5，0.895）和 4*i*（0.203，0.5，0.5）。从 *I*4/*mcm*→*C*2/*m*→*P*6/*mmm*→*C*2/*m*-II 相的理论相变压强分别为 6.5，58 和 152 GPa。对三个新预测相的晶体结构分析表明，在压强诱导下，N 的原子轨道杂化发生变化（$sp \rightarrow sp^2 \rightarrow sp^3$），导致 N_3^- 离子从线性分子转变为类苯环，然后转变为聚合氮链。

利用 USPEX 晶体结构预测软件分别在 20，60 和 100 GPa 压强下对 KN_3 进行搜索[43]，发现 KN_3 的常压结构（*I*4/*mcm*-KN_3）在 22 GPa 时转变为 *C*2/*m*-KN_3，在 40 GPa 压强下由 *C*2/*m*-KN_3 转变为含有类苯环的 *P*6/*mmm*-KN_3，这种相变趋势与 CALYPSO 晶体结构预测方法预测的 KN_3 的相变趋势相吻合，证明了两种理论预测方法的有效性。

张美光等人[44]通过 CALYPSO 晶体结构预测方法在 0、25 GPa、50 GPa、100 GPa、200 GPa、300 GPa 和 400 GPa 压强下对 KN_3 体系进行搜索，在 274 GPa 以上压强范围发现了一种新型聚合氮—*C*2/*m*-N，空间群为 *C*2/*m*。*C*2/*m*-N 由含有 N-N 单键的 N_6 环以“Z 字形排列形成，如图 4.10 所示。在高压作用下，KN_3 中的 N 原子轨道杂化由 sp^2 转变为 sp^3，导致 *P*6/*mmm*-KN_3 中的二维类苯环 N_6 分子转变为三维含 N-N 单键的 N_6 环结构。*C*2/*m*-N 的热力学稳定性优于先前预测的 *C*2/*m*-II 聚合氮[42]，是一种潜在的高能量密度材料。

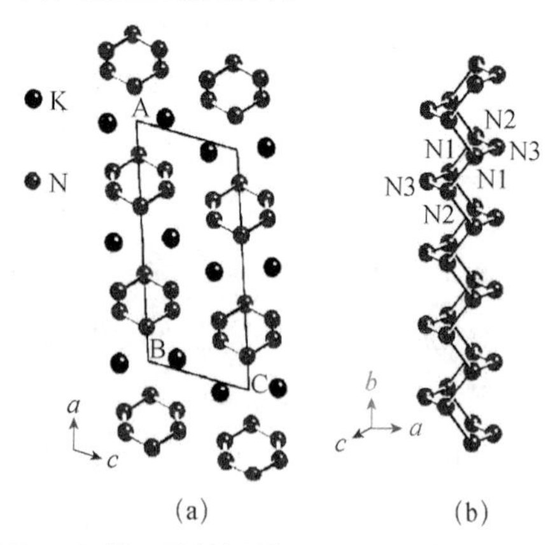

图 4.10 *C*2/*m*-N 的晶体结构（a）沿 *b* 轴的视图，（b）沿 *c* 轴的视图（扫描封底二维码可见彩图）（此图来源于文献[44]）

4. Cs-N 化合物

在碱金属中，Cs 具有较大的原子半径，可能产生较大的化学预压作用，有利于降低聚合氮的合成压力和温度，同时 Cs 原子具有较低的电离能，更容易为 N_2 分子提供电子，促进 N_2 分子的分解形成聚合氮，因此研究 Cs-N 体系的高压相变对于寻找具有高能量密度的聚合氮材料具有重要意义。通过 CALYPSO 晶体结构预测方法对 CsN_3 化合物研究表明，CsN_3 在 0～200 GPa 压强范围具有 $C2/m$、$P2_1/m$ 和 P-1 三种稳定结构[45]。高压下 CsN_3 的相变序列为 $I4/mcm \rightarrow C2/m \rightarrow P2_1 \rightarrow P$-1，相变点分别为 6 GPa、13 GPa 和 51 GPa。

姚延荪教授等人[46]扩展了对 Cs-N 体系的研究范围，利用 CALYPSO 晶体结构预测方法在 0～100 GPa 压强范围系统的探索了 CsN_x（x=1/3，1/2，1，2，3，4，5，6）体系的高压结构相变。除了 CsN_3，他们还发现了另外五种化学计量比的 Cs-N 化合物，分别为 Cs_3N、Cs_2N、CsN、CsN_2 和 CsN_5。在 18～64 GPa 压力区间，Cs_3N 为正交晶系的 $Cmcm$-Cs_3N 结构，其中 N 原子中的亚壳层被电子完全占据形成 N^{3-} 阴离子。Cs_2N 稳定的压力区间为 16～100 GPa，空间群为 $C2/m$，两个 N 原子以 N-N 单键连接形成 N_2^{4-} 阴离子。常压下 CsN_3 具有 $I4/mcm$ 结构，压强升至 7 GPa 时转变为 $C2/m$ 结构，在压强 16 GPa 下转变为 $P2/m$ 结构。压强继续增加至 26 GPa，CsN_3 将分解为 CsN_2 和 CsN_5；当压强升高至 81 GPa 时，转变另一个 $C2/m$ 结构。CsN_5 在高于 14 GPa 时结构的空间群为 $Cmc2_1$，该结构中含有 N_5^- 环状结构阴离子，与 LiN_5 的晶体结构类似[38]。

此外，此工作还预言了两种结构独特的高能量密度聚合氮，分别为 P-1-CsN 和 $C2/c$-CsN_2，如图 4.11 所示。研究发现，当压强高于 44 GPa 时，CsN 将由单斜晶系的 $C2/m$ 结构转变为 P-1-CsN。在压强作用下，$C2/m$ 结构中含 N=N 双键的 N_2^{2-} 阴离子转变为一维链状 N_4^{4-} 阴离子。这种结构的 CsN 分解时将释放约 800kJ/mol 的巨大能量，是一种潜在的高能量密度材料。对于 CsN_2，高于 40 GPa 时，将由 $C2/m$ 转变为 $C2/c$-CsN_2，该结构中的 8 个 N 原子通过 6 个 N-N 单键和 2 个 N=N 双键相连形成 N 链单元。通常在纯聚合氮中，N 原子之间往往需要通过 N-N 单键和 N=N 双键交替连接，因此纯聚合氮中的 N-N 单键和 N=N 双键比例为 1∶1，而在 $C2/c$-CsN_2 结构中 N-N 单键和 N=N 双键比例达到了 3∶1。该工作不仅预言了两种具有独特结构的潜在高能量密度材料，还提出通过掺杂碱金属元素形成含有高比例 N-N 单键的结构，为实验合成高能量密度材料提供了新思路。

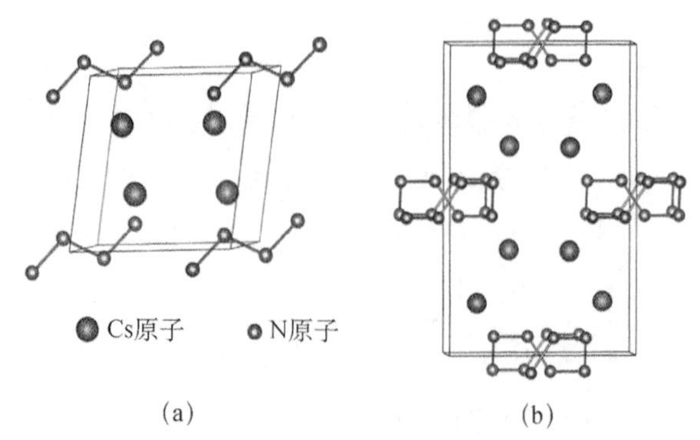

图 4.11 （a）*P*-1-CsN 的晶体结构，（b）*C*2/*c*-CsN_2 的晶体结构（扫描封底二维码可见彩图）（此图来源于文献[46]）

4.2.3 碱土金属氮化物

1. Be-N 化合物

崔田教授课题组[47]通过 CALYPSO 晶体结构预测方法在 0～100 GPa 压强范围内研究了 BeN_x（x=1/2，2/3，1，3/2，2，3，4，5）体系的结构演化行为，发现在 40 GPa 压强下存在一种 $P2_1/c$-BeN_4 结构。$P2_1/c$-BeN_4 在 40 GPa 下的晶格参数为：a=3.649 Å，b=3.556 Å，c=5.229 Å，β=99°。Be 原子位于 2b（0.5，0.5，0.5），2 个不等价的 N 原子（N_1 和 N_2）分别占据 4e（0.889，0.908，0.391）和 4e（0.773，0.794，0.748）的位置。在 $P2_1/c$-BeN_4 结构中，N 原子与 Be 原子分别位于不同层，以 N-Be-N 的方式堆叠形成 3D 结构。N 层中含有两种不等价的 N 原子（分别为 N1 和 N2），形成含有 N_{10} 环的网状 2D 结构，如图 4.12 所示。$P2_1/c$-BeN_4 结构中含有大量的 N-N 单键，在常压下分解为 Be_3N_2 和 N_2，并释放能量，能量密度约为 6.35kJ/g。因此 $P2_1/c$-BeN_4 是一种潜在的高能量密度材料。同时，由于 $P2_1/c$-BeN_4 结构在 40 GPa 的压强下就能够稳定存在，说明 $P2_1/c$-BeN_4 结构是可以通过高压实验来合成的，这也为高压合成聚合氮能量密度材料提供了一条可行的方案。

2. Mg-N 化合物

通过 CALYPSO 晶体结构预测方法在 0～100 GPa 压强下对 MgN_x（x=1/2，2/3，1，3/2，2～5）进行探索[48]，发现了五种之前尚未报道过的稳定 Mg-N 化合物，分别为 MgN、Mg_2N_3、MgN_2、MgN_3 和 MgN_4。

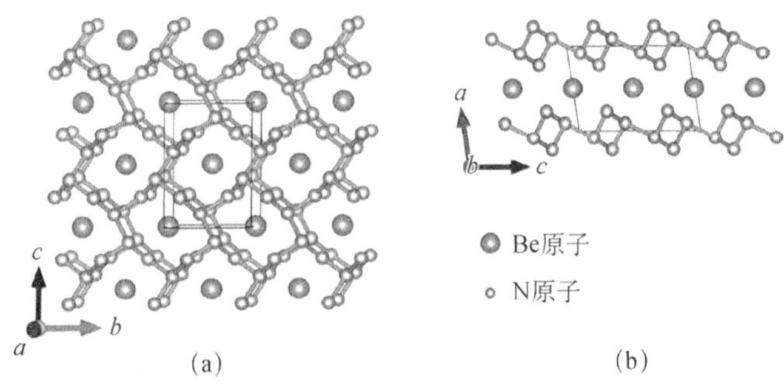

图 4.12　$P2_1/c$-BeN_4 的晶体结构（a）沿 *a* 轴方向的视图，
（b）沿 *c* 轴方向的视图（扫描封底二维码可见彩图）
（此图来源于文献[47]）

MgN 在高于 80 GPa 压强下为动力学和热力学稳定结构，空间群为 $P6_3/mmc$，N-N 键长为 1.790 Å，晶体结构如图 4.13（a）所示。Mg_2N_3 化合物在 5 GPa 压强下的空间群为 *R*-3*m*，N 原子以两种形式存在，即 N^{2-}阴离子和 N_2^{4-}阴离子。当压强达到 37 GPa 以上时，*R*-3*m*-Mg_2N_3 转变为正交晶系，该结构由 N_3^{4-}阴离子和 Mg 离子构成，N-N 键长为 1.429 Å，晶体结构如图 4.13（b）所示。常压下 *Imm*2-Mg_2N_3 结构的动力学性质依然稳定，晶格常数为：a=9.744 Å，b=2.985，c=3.307 Å。*Imm*2-Mg_2N_3 结构在常压下分解后，每分子式将解释放 1.79 eV 的能量，相当于约 1.64kJ/g 的能量密度。对 MgN_2 的高压结构相变研究表明，在 5～40 GPa 压强范围内 MgN_2 的空间群为 *Cmcm*，当压强升高至 40 GPa 以上时，转变为 $P6_3/mcm$-MgN_2，该结构中每个 N 原子与周围的 3 个等价 N 原子相连形成 N_4^{4-}阴离子（如图 4.13（c）所示），晶格参数为：a=4.825 Å，b=5.527 Å，这种结构与实验合成的气相分子（800kJ/mol 的能量密度）结构相似。由于 $P6_3/mcm$-MgN_2 结构中 Mg 原子的存在，一方面为 N_4 分子提供了额外的电子，破坏了 N-N 之间的化学键，产生更多的 N-N 单键，另一方面，Mg 原子与 N 原子之间通过化学键连接起到提高 $P6_3/mcm$-MgN_2 结构稳定性的作用，使合成压力降低。当 $P6_3/mcm$-MgN_2 结构分解时将释放出相当于 1.93kJ/g 的能量。*P*-1-MgN_3 结构在压强高于 80 GPa 时的空间群为 *P*−1。该结构中 N 原子相互连接形成类苯环的 N_6^{4-}阴离子，每个 Mg 原子与邻近的 6 个 N_6^{4-}环配位，晶格参数为 a=5.267 Å，b=5.271 Å，c=3.025 Å，如图 4.13（d）所示，能量密度值为 2.83kJ/g。*P*-1-MgN_4 稳定的压力区间为 10～41 GPa，结构中含有由 4 个 N 原子形成的 N_4^{2-}单元，N_4^{2-}单元之间连接形成 N_∞一维 N 链，如图 4.13（e）所示，具有较高的 N-N 单键含量，能量密度值约为 2.01kJ/g。

3. Ca-N 化合物

通过 CALYPSO 晶体结构预测方法在 0～100 GPa 压强下系统的探索 CaN_x（x=1/2，2/3，1，3/2，2，3，4，5，6）化合物，不仅预测到已知化学计量比的 Ca-N 化合物（CaN_2、Ca_2N 和 Ca_3N_2），还发现了五种新的化学计量比的 Ca-N 化合物，分别为 Ca_2N_3、CaN、CaN_3、CaN_4 和 CaN_5[49]。Ca_2N_3 的稳定的压力区间为 18～44 GPa，CaN_3 稳定的压力区间为 8～100 GPa，CaN_4 稳定的压力区间为 5～66 GPa，CaN_5 稳定的压力区间为 33 GPa 以上。CaN 在 0～100 GPa 压力区间均有稳定相存在，常压下 CaN 的空间群为 *C*2/*m*，压强升至 14 GPa 转变为 $Cmc2_1$-CaN，压强升至 40 GPa 时由 $Cmc2_1$-CaN 转变为 *C*2/*m*-CaN，直到压强升高至 76 GPa 时，转变为 *Pbam*-CaN。预测得到的五种化学计量比的 Ca-N 化合物中 N-N 原子的结合方式与对应的其他碱土金属氮化物结构相似，含有由 N 原子形成的 N_2、N_4、N_5、N_6 团簇单元或 N_∞ 一维长链，可作为潜在的高能量密度材料。

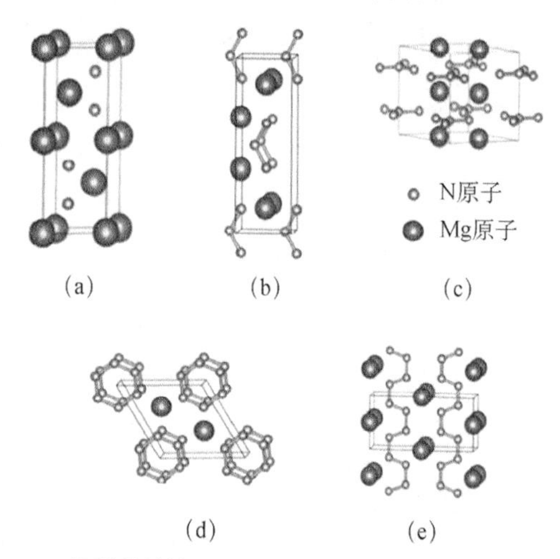

图 4.13 （a）$P6_3/mmc$-MgN 的晶体结构，（b）*Imm*2-Mg_2N_3 的晶体结构，（c）$P6_3/mcm$- MgN_2 的晶体结构，（d）*P*-1-MgN_3 的晶体结构，（e）*P*-1-MgN_4 的晶体结构（扫描封底二维码可见彩图）（此图来源于参考文献[48]）

4.2.4 第三主族氮化物

1. B-N 化合物

李印威教授等人[50]通过 CALYPSO 晶体结构预测方法在 0～100 GPa 压力下研究了 B_xN_y（x，y=1～6）化合物的高压相变，发现了一系列层状和类方钠石结构的笼状富B氮化物。其中，B_3N_5的四种晶体结构如图4.14所示。在常压下，*P*-62*m*相和*Pm*相的能量几乎相同，都是由（BN）$_3$六边形构成的二维平面与N_2分子层交替堆叠形成的，只是N_2分子的取向不同（相互垂直）。在层状结构的*R*-3*m*相中，N_2分子参与形成了褶皱的B_3N_5层（由B_2N_4六边形构成），N-N键的键长为1.44 Å，接近N-N单键的键长。压强为15 GPa时，B_3N_5转变为具有三维结构的$C222_1$结构，该结构中每个B原子与两个不等价的N原子（N1和N2）结合，B-N1和B-N2键长分别为1.58和1.53 Å。sp^3杂化的N1原子与4个B原子成键，sp^2杂化的N2原子与2个B原子和1个N2原子成键，形成平面的B_2N_4六边形，两个N2原子之间以N-N单键连接。计算结果表明，$C222_1$-B_3N_5结构常压下的动力学稳定，$C222_1$-B_3N_5结构常压下可以分解为固相的BN和气相的N_2分子，释放出能量密度值为3.44kJ/g的能量。硬度计算结果表明，$C222_1$-B_3N_5的硬度值为44 GPa，因此$C222_1$-B_3N_5结构是一种高能量密度材料，其相对较高的硬度在工业中具有潜在的应用价值。

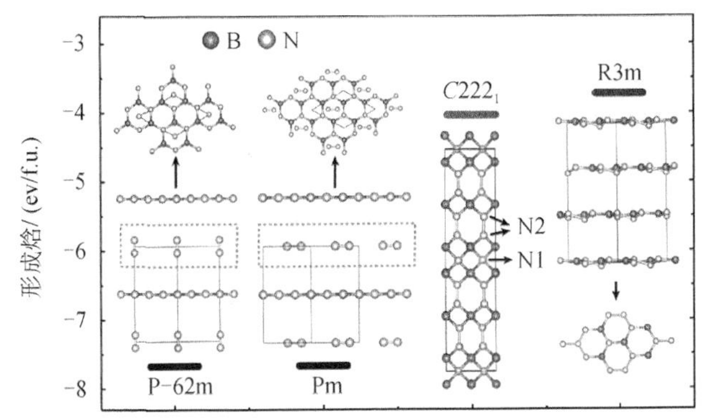

图4.14 常压下B_3N_5四种预测的低焓结构（扫描封底二维码可见彩图）
（左边两个结构中的虚线矩形代表N_2分子的不同方向，此图来源于文献[50]）

2. Al-N化合物

高压下通过CALYPSO晶体结构预测方法预测出一种稳定的$P2_1/c$-AlN_3结构[51]。$P2_1/c$-AlN_3相稳定的压力区间为43～85 GPa，在50 GPa下的晶格参数为：a=11.12 Å，b=3.57 Å，c=10.84 Å，α=90°，β=166.43°，γ=90°。Al原子占据4*e*（0.239，0.874，1.085），N原子占据3个不等价位置，分别为4*e*（0.262，0.767，1.373），4*e*（0.103，0.666，1.103），4*e*（0.733，0.967，1.043）。$P2_1/c$-AlN_3中，Al的所有的价电子几乎都转移到附近的N_6分子上形成N_6^{6-}阴离子，6个N原子通过sp^2杂

化形成扭曲的链状结构单元，晶体结构如图 4.15 所示。AlN_3 分解时，会释放出巨大的能量（2.75kJ/g），因此可作为高能量密度材料。

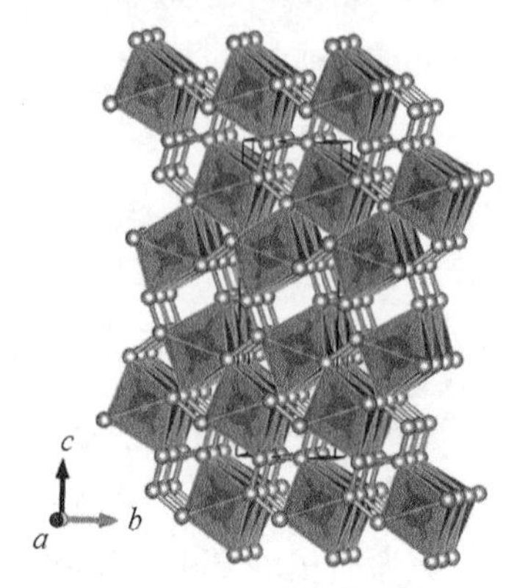

图 4.15　$P2_1/c$-AlN_3 在 50 GPa 压强下的晶体结构（扫描封底二维码可见彩图）
（大球为 Al 原子，小球为 N 原子。此图来源于文献[51]）

使用 CALYPSO 晶体结构预测方法还成功发现了高压下 AlN_5 的两个新相[52]，分别为 *P*-1 和 *I*-42*d*，晶体结构如图 4.16 所示。*P*-1 相稳定的压力区间为 10～60 GPa，*I*-42*d* 相稳定的压力区间为大于 60 GPa。压力诱导氮原子由 sp^2 杂化（*P*-1 相）转变为 sp^2 杂化和 sp^3 杂化相结合的方式（*I*-42*d* 相）。随着压强的增加，由于 N 原子的轨道杂化方式发生改变，导致电子出现高局域化，因此 AlN_5 由金属相转变为绝缘相。此外，在 *I*-42*d* 晶体结构中，带隙随压强的增加而增大，主要源于较强的轨道杂化效应。研究表明，*P*-1-AlN_5 和 *I*-42*d*-AlN_5 不仅为高能量密度材料（能量密度值分别为 3.29kJ/g 和 6.41kJ/g），还具有较高的硬度（硬度值分别为 15.2 GPa 和 31.7 GPa）。

3. Ga-N 化合物

通过 CALYPSO 晶体结构预测方法发现了高压下稳定的 Ga-N 化合物，分别为 GaN_5 和 GaN_6 [53]，晶体结构如图 4.17 所示。$Cmc2_1$-GaN_5 稳定的压力区间为 22～60 GPa，压强高于 57 GPa 时转变为 $P2_1$/m-GaN_5。对于 $C2/c$-GaN_6 结构，压强高于 45 GPa 时热力学和动力学性质开始稳定。通过计算形成能，给出了 GaN_5 和 GaN_6 可能的合成路径：$GaN+2N_2 \rightarrow GaN_5$；$GaN+5/2N_2 \rightarrow GaN_6$。

$Cmc2_1$-GaN_5，$P2_1$/m-GaN_5 和 $C2/c$-GaN_6 分解后释放的能量密度值分别为 3.27kJ/g，4.12kJ/g 和 5.71kJ/g。

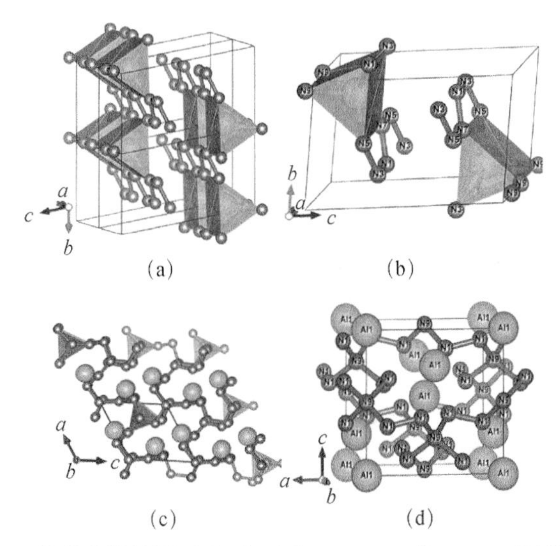

图 4.16　AlN_5 的晶体结构图（a）和（b）*P*-1-AlN_5 在 20 GPa 下的晶体结构，（c）和（d）*I*-42*d*-AlN_5 在 100 GPa 下的晶体结构（扫描封底二维码可见彩图）

（此图来源于文献[52]）

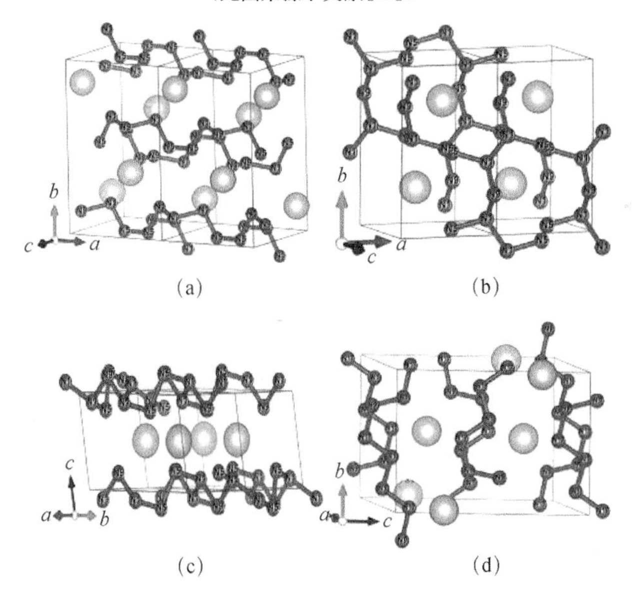

图 4.17　（a）*Cmc*2_1-GaN_5 在 25 GPa 下的晶体结构图，（b）和（c）*P*2_1/m-GaN_5 在 65 GPa 下的晶体结构图，（d）*C*2/*c*-GaN_6 在 50 GPa 下的晶体结构图（扫描封底二维码可见彩图）

（此图来源于文献[53]）

4.2.5 其他氮化物

1. H-N 化合物

常压下 H-N 化合物通常以 NH_3 分子形式存在，高压下实验成功合成了一些亚稳相 H-N 化合物，例如，N_2H_4[54]、N_2H_2[55]、NH_4N_3[56]、N_4H_4[56]等，然而研究发现这些 H-N 化合物中并不存在 N-N 单键，不能作为高能量密度材料。为了进一步了解聚合物氮相是否可以存在于 H-N 化合物中，人们利用 CALYPSO 晶体结构预测方法研究了 H-N 体系在 0～200 GPa 压强范围内的结构演化[57]。与利用 N_2 和 H_2 为前驱物合成 H-N 体系的研究思路不同，一方面富氮化合物分解的产物主要为 N_2 分子，另一方面 NH_3 的液化和固化温度较高，在合成过程中更容易控制，因此可以将 N_2 和 NH_3 作为 H-N 化合物的分解产物进行研究。

理论预测发现了高压下 N_2H 的两个相高压相，高于 33 GPa 压强下为 P-1-N_2H 结构，N 原子相互连接形成“扶手椅”状型的链状结构，位于“扶手椅”同一侧的两个 N 原子分别与两个 H 连接，如图 4.18（a）所示，N-N 之间有三种连接方式，即 N_H-N_H、N_N-N_N 和 N_H-N_N，键长分别为 1.27 Å、1.32 Å 和 1.36 Å。与 NH_3 中的 N=N 双键键长和 cg-N 的 N-N 单键键长（1.37 Å）比较，可以认为 P-1-N_2H 结构中的 N_N-N_N 或 N_H-N_N 键表现为 N-N 单键。100 GPa 压强下，其结构与 P-1-N_2H 类似，如图 4.18（b）所示。P-1-N_2H 和 $P2_1/c$-N_2H 结构的能量密度值分别为 4.40kJ/g 和 4.44kJ/g。

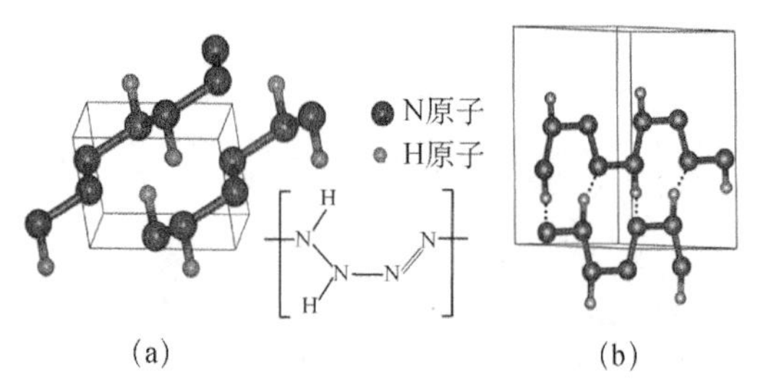

图 4.18 N_2H 的晶体结构图

（a）P-1-N_2H，（b）$P2_1/c$-N_2H（扫描封底二维码可见彩图）

（相邻链上的 H 和 N 之间的氢键用虚线表示。此图来源于参考文献[57]）

2. He-N 化合物

马琰铭教授课题组[58]利用 CALYPSO 晶体结构预测方法在 0～100 GPa 压强范围对不同化学计量比的 He_xN_y（x=1～4，y=1～9）进行结构相变研究，在高于

8.5 GPa 压强下发现一种 He-N 化合物（HeN_4）。HeN_4 有三个高压相，分别为 $C2/c$-HeN_4，P-1-HeN_4 和 $I4_1/a$-HeN_4。$C2/c$-HeN_4 结构由 N_2 分子和 He 原子构成，N-N 的键长为 1.07 Å，如图 4.19（a）所示。He 原子和 N 原子之间不存在电荷转移，没有多余的电子用来破坏 N_2 的成键，导致该结构中无法形成氮的聚合。该结构的声子谱在频率为 70THz 处的平缓光学振动模式证明了 N_2 分子的存在。

压强升高至 69 GPa 时，$C2/c$-HeN_4 转变为三斜晶系的 P-1-HeN_4，8 个不等位的氮原子形成一个共边的双五环结构，N-N 原子之间的距离约为 1.3，N_8 分子平行排列，如图 4.19（b）所示。压强升高至 95 GPa 时，转变为四方晶系的 $I4_1/a$-HeN_4。每个 N 原子与邻近的三个 N 原子结合，形成含有 8 重对称性的 N 圆环的 3D 聚合氮网络结构，如图 4.19（c）所示。每个 N 原子与最近邻的两个 N 原子之间的键长为 1.28，与另外一个 N 原子的键长为 1.43。He 原子与 N 原子之间没有电荷发生转移，说明位于 N 网络结构孔洞中的 He 原子与 N 原子之间的相互作用较弱。由于 He 原子与 N 原子之间存在较弱相互作用，将 I41/a HeN_4 亚稳态结构保持到较低的压力（或常压），然后从该结构的孔道中将 He 原子移除，会形成新的纯聚合氮结构——t-N，具有与 $I4_1/a$-HeN_4 化合物相同的空间群。分子动力学模拟表明，结构在 1000 K 的温度下依然保持稳定。常压下，t-N 的 N-N 键长（1.61 Å）长于 cg-N（1.41 Å），说明 t-N 是一种含有 N-N 单键的 3D 聚合氮结构。形成焓计算表明，常压下 t-N 的形成焓高于 cg-N（0.14 eV/atom），因此 t-N 分解为 N_2 分子时会伴随着巨大的能量释放，能量密度达到 11.31kJ/g。这一理论研究成果为实验合成稳定的聚合物结构提供了一种可行途径。

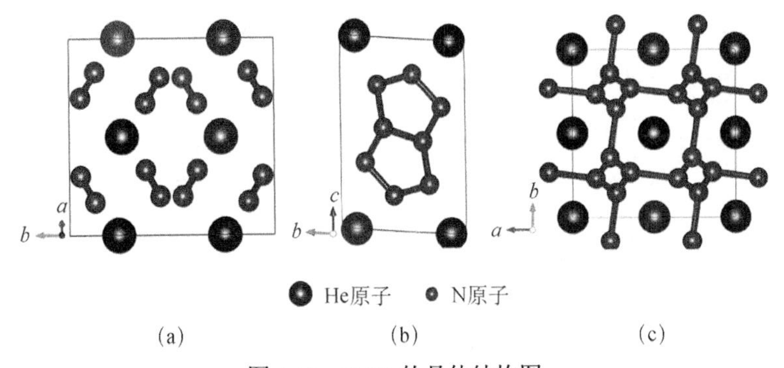

图 4.19　HeN_4 的晶体结构图

（a）$C2/c$，（b）P-1-HeN_4（c）I-$4_1/a$-HeN_4（扫描封底二维码可见彩图）

（此图来源于文献[58]）

3. Xe-N 化合物

在常压下 Xe 和 N_2 都非常稳定，很难直接发生反应生成 Xe-N 化合物。尽管在常压下已合成具有含有（FXe）$^+$的（FXe）[N（SO_2F）$_2$]盐[59]，但是这种结构复杂的化合物盐在室温下热力学性质不稳定，易发生爆炸。高压诱导下能够改变元素的化学反应特性[60]，使 Xe 能够与其他元素反应生成化合物，例如，理论预测高压下 Xe 能够与某些金属元素反应生成 Xe-Fe/Xe-Ni [61]、Xe-Mg[62]化合物。

为了研究 Xe 与其他元素在高压下的反应机制，探索 Xe 与 N 的高压反应行为，寻找含有 N-N 单键的 Xe-N 高能量密度材料，科研人员通过 CALYPSO 晶体结构预测方法在 100 GPa、150 GPa、200 GPa 和 300 GPa 压强下探索了不同化学计量比的 XeN_x（x=1/3，1/2，2/3，3/4，1，4/3，3/2，2～10，12）化合物的高压结构相变，并发现在 0～300 GPa 压强范围内存在一种稳定的六方晶系 XeN_6[63]，空间群为 R-3m。150 GPa 压强下，Xe 原子和 N 原子的空间占位分别为 3a（0，0，0）和 18h（0.124，−0.124，−0.437）。N 的亚晶格由 6 个 N 原子形成椅型的 N_6 单元组成，Xe 的亚晶格与 Te 的高压 β-Po 相具有相同结构[64]，晶体结构如图 4.20（a）所示。

每个 Xe 原子与周围的 12 个以共价键连接，每个 sp^3 轨道杂化的 N 原子与 2 个 N 原子和 2 个 Xe 原子形成共价键，如图 4.20（b）、（c）所示。电荷转移分析表明，Xe 原子中的电子向 N 原子发生了转移，破坏了 N 原子中 sp^3 杂化的孤对电子结合，导致 N 原子能够以 4 配位形式与周围原子成键。N 的 sp^3 轨道杂化对于 Xe-N 的共价键稳定性起到了非常重要的作用。最近邻的两个 N 原子之间的键长（1.35 Å）接近 150 GPa 压强下 cg-N 的 N-N 单键键长（1.346 Å），验证了 R-3m-XeN_6 结构中存在 N-N 单键。在常压下，R-3m-XeN_6 分解为固体 Xe 和 N_2 分子将释放较高的能量，计算的能量密度值约为 2.4kJ/g，是一种潜在的高能量密度材料。

此外，人们利用 CALYPSO 晶体结构预测软件在高压下研究高能量密度材料方面还做了大量有意义的工作，发现了许多潜在的具有高能量密度值的储能材料。例如，$Pnma$-SN_4 结构的能量密度值为 2.66kJ/g[65]，Pa-3-GeN_2 的能量密度值为 2.32kJ/g[66]，I-42d-CN_4H_4 的能量密度值为 6.43kJ/g[67]。这些理论工作为实验合成高能量密度材料提供了必要的理论依据，极大地促进了高储能密度材料的发展。相信随着晶体结构预测方法的发展，人们能够从更深层次、更多角度来理解储能机理，寻找到更加容易实现的路径合成高能量密度材料，进而促进人类生产和生活更好的发展。

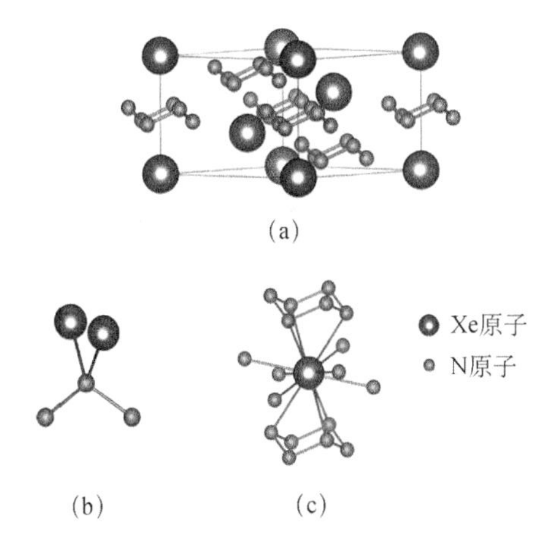

图 4.20　（a）*R*-3*m*-XeN_6在 150 GPa 下的晶体结构，（b）*R*-3*m*-XeN_6 结构中 N 的 4 配位结构单元，（c）*R*-3*m*-XeN_6 结构中 Xe 的 12 配位结构单元（扫描封底二维码可见彩图）
（此图来源于文献[63]）

参 考 文 献

[1]Niaz S，Manzoor T，Pandith A H. Hydrogen storage：materials，methods and perspectives[J]. Renewable and Sustainable Energy Reviews，2015，50：457-469.

[2]Wang Q K，Zhu C C，Liu W H，et al. Hydrogen storage by carbon nanotube and theirfilms under ambient pressure[J]. International Journal of Hydrogen Energy，2002，27：497-500.

[3]Bockris J O M，Veziroglu T N. A solar energy hydrogen energy system for environmental compatibility[J]. Environmental Conservation，1985，12：105-118.

[4]Veziroglu T N，Barber F. Hydrogen：The wonder fuel[J]. International Journal of Hydrogen Energy，1992，17：391-404.

[5]Vanden Berg A W C，Arean C O. Materials for hydrogen storage：Current research trends and perpectives[J]. Chemical Communications，2008，6：668-681.

[6]Ramin M，Katrina M. Groth. Hydrogen storage and delivery：Review of the state of the art technologies and risk and reliability analysis.International[J]. Journal of Hydrogen Energy，2019，44：12254-12269.

[7]Dillon A C，Heben M J. Hydrogen storage using carbon adsorbents：Past，present and future[J]. Applied Physics A，2001，72：133-142.

[8] Schlapbach L, Zuttel A. Hydrogen storage for mobile applications[J]. Nature, 2001, 414: 353-358.

[9] Satyapal S，Petrovic J，Read C，et al. The U.S. department of energy's national hydrogen storage project：Progress towards meeting hydrogen-powered vehicle requirements[J]. Catalysis Today，2007，120：246-256.

[10] Darkrim F L，Malbrunot P，Tartaglia G P. Review of hydrogen storage by adsorption in carbon nanotubes[J]. International Journal of Hydrogen Energy，2002，27：193-202.

[11] Green L. An ammonia energy vector for the hydrogen economy[J]. International Journal of Hydrogen Energy，1982，7：355-359.

[12] Zhao Y F，Kim Y，Dillon A，et al. Hydrogen storage in novel organometallic buckyballs[J]. Physical Review Letters，2005，94：1555041-1555044.

[13] White C M, Steeper R R, Lutz A E. The hydrogen-fueled internal combustion engine: A technical review[J]. International Journal of Hydrogen Energy，2006，31：1292-1305.

[14] Bogdanovic B，Schwickardi M. Ti-doped alkali metal aluminiumhydrides as potential novel reversible hydrogen storage materials[J].Journal of Alloys and Compounds，1997，253：1-9.

[15] Zaluska A, Zaluski L, Strom-Olsen J O. Sodiumalanates for reversible hydrogen storage[J].Journal of Alloys and Compounds，2000，298：125-134.

[16] Gross K J, Majzoub E H, Spangler S W.The effects of titanium precursors on hydridingproperties of alanates[J].Journal of Alloys and Compounds，2003，356：423-428.

[17] Orimo S，Nakamori Y，Kitahara G，et al. Dehydriding and rehydridingreactions of $LiBH_4$[J]. Journal of Alloys and Compounds，2005，404：427-430.

[18] Schwarz M，Haiduc A，Stil H，et al.The use of complex metal Hhydrides as hydrogen storage materials: Synthesis and XRD-studies of $Ca(AlH_4)_2$ and $Mg(AlH_4)_2$[J]. Journal of Alloys and Compounds，2005，404：762-765.

[19] Hu C H，Chen D M，Wang Y M，et al. Structural transition of Li_2BeH_4 under high pressure：A firstprinciples study[J]. Physical Review B，2007，75：224108.

[20] Hu C H，ArtemR.Oganov，AndriyO.Lyakhov，et al.Insulating states of $LiBeH_3$ under extreme compression[J]. Physical Review B，2009，79：134116.

[21] Wang H, Li Q, Wang Y C, etal.High-pressure polymorphs of Li_2BeH_4 predicted by first-principles calculations[J]. Journal of Physics：Condensed Matter，2009，21：385405.

[22] Zaluska A, Zaluski L, Strom-Olsen J O. Lithium−beryllium hydrides: thelightest reversible metal

hydrides[J].Journal of Alloys and Compounds，2000，307：157-166.

[23]Chen Y Z，Peng F，Yan Y，et al. Exploring high-pressure lithium beryllium hydrides：A new chemical perspective[J]. The Journal of Physical Chemistry C，2013，117：13879-13886.

[24]董海山. 高能量密度材料的发展及对策[J]. 含能材料，2004，12（A01）：1-12.

[25]王晓丽，李建福，陈丽. 基于 CALYPSO 方法的新型高能量密度材料设计[J]. 科学通报，2015，60（27）：2608-2615.

[26]Emery N，Hérold C，d'Astuto M，et al. Superconductivity of bulk CaC_6[J]. Physical Review Letters，2005，95（8）：087003.

[27]Ghosh M，Wang L，Asher S A. Deep-ultraviolet resonance raman excitation profiles of NH_4NO_3，PETN，TNT，HMX，and RDX[J]. Appl Spectrosc，2012，66：1013-1021.

[28]McMahan A K，LeSar R. Pressure dissociation of solid nitrogen under 1 Mbar[J]. Physical Review Letters，1985，29：1929-1932.

[29]Mailhiot C，Yang L H，McMahan A K，Polymeric nitrogen[J]. Physical Review B，1992，46（22）：14419-14435.

[30]Hu Y，Huang P，Guo L T，et al. Terahertz spectroscopic investigations of explosives[J]. Physical Letters A，2006，359：728-732.

[31]Eremets M I，Gavriliuk A G，Trojan I A，et al. Single-bonded cubic form of nitrogen[J]. Nature Materials，2004，3（8）：558-563.

[32]Tomasino D，Kim M，Smith J，et al. Pressure-induced symmetry-lowering transition in dense nitrogen to layered polymeric nitrogen（LP-N）with colossal raman intensity[J]. Physical Review Letters，2014，113（20）：205502.

[33]Ma Y M，Oganovn A R，Li Z W，et al. Novel high pressure structures of polymeric nitrogen[J]. Physical Review Letters，2009，102（6）：065501.

[34]Wang X L，Wang Y C，Miao M S，et al. Cagelike diamondoid nitrogen at high pressures[J]. Physical Review Letters，2012，109（17）：175502.

[35]Sun J，Martinez-Canales M，Klug D D，et al. Stable all-nitrogen metallic salt at terapascal pressures[J]. Physical Review Letters，2013，111（17）：175502.

[36]Greschner M J，Zhang M，Majumdar A，et al. A new allotrope of nitrogen as high-energy density material[J]. Journal of Physical Chemical A，2016，120（18）：2920-2925.

[37]Hirshberg B，Gerbei R B，Krylow A I. Calculations predict a stable molecular crystal of N_8[J].

Nature Chemistry，2014，6：52-56.

[38]Peng F，Yao Y S，Liu H Y，et al. Crystalline LiN_5 predicted from first-principles as a possible high-energy material[J]. Journal of Physical Chemical Letters，2015，6（12）：2363-2366.

[39]Zhang M G，Yan H Y，Wei Q，et al. Novel high-pressure phase with pseudo-benzene “N_6” molecule of LiN_3[J]. Europhysics Letters，2013，101，26004.

[40]Wang X L，Li J F，Botana J，et al. Polymerization of nitrogen in lithium azide[J]. Journal of Chemical Physical，2013，139，164710.

[41]Zhang M G，Yin K T，Zhang X X，et al. Structural and electronic properties of sodium azide at high pressure：A first principles study[J]. Solid State Communications，2013（161），13-18.

[42]Li J F，Wang X L，Xu N，et al. Pressure-induced polymerization of nitrogen in potassium azides[J]. Europhysics Letters，2013，104，16005.

[43]Zhang J，Zeng Z，Lin H Q，et al. Pressure-induced planar N_6 rings in potassium azide[J]. Scientific Reports，2014，4，4358.

[44]Zhang M G，Yan H Y，Wei Q，et al. A new high-pressure polymeric nitrogen phase in potassium azide[J]. RSC Advances.，2015，5，11825-11830.

[45]Wang X L，Li J F，Zhu H Y，et al. Polymerization of nitrogen in cesium azide under modest pressure[J]. The Journal of Chemical Physics，2014，141，044717.

[46]Peng F，Han Y C，Liu H Y，et al. Exotic stable cesium polynitrides at high pressure[J]. Scientific Reports，2015，5，16902.

[47]Wei S L，Li D，Liu Z，et al. A novel polymerization of nitrogen in beryllium tetranitride at high pressure[J]. Journal of Physical Chemistry C，2017，121，18，9766-9772.

[48]Wei S L，Li D，Liu Z，et al. Alkaline-earth metal（Mg）polynitrides at high pressure as possible high-energy materials[J]. Physical Chemisty Chemical Physics，2017，19，9246-9252.

[49]Zhu S S，Peng F，Liu H Y，et al. Stable calcium nitrides at ambient and high pressures[J]. Inorganic Chemistry.，2016，55，15，7550-7555.

[50]Li Y W，Hao J，Liu H Y，et al. High-energy density and superhard nitrogen-rich B-N compounds[J]. Physical Review Letters，2015，115，105502.

[51]Liu Z，Li D，Wei S L，et al. Bonding properties of aluminum nitride at high pressure[J]. Inorganic Chemistry.，2017，56，13，7494-7500.

[52]Liu Z，Li D，Liu Y，et al. Metallic and anti-metallic properties of strongly covalently bonded energetic AlN_5 nitrides[J]. Physical Chemistry Chemical Physics，2019，21，12029-12035.

[53]Liu Z，Li D，Wei S L，et al. Nitrogen-rich GaN_5 and GaN_6 as high energy density materials with modest synthesis condition[J]. Physics Letters A，2019，383，125859.

[54]Collin R L，Lipscomb W N. The crystal structure of hydrazine[J]. Acta Cryst. 1951，4，10-14.

[55]Wiberg N，Fischer G，Bachhuber H，et al. cis- and trans-Diazene[J]. Angewandte Chemie International edition in English，1977，16，780-781.

[56]Frierson W J，Browne A M. Preparation of ammonium trinitride from dry mixtures of sodium trinitride and an ammonium salt[J]. Journal of the American Chemical Society.，1934，267，2384.

[57]Yin K T，Wang Y C，Liu H Y，et al. N_2H：A novel polymeric hydronitrogen as a high energy density material[J]. Journal of Materials Chemistry A，2015，3，4188-4194.

[58]Li Y W，Feng X L，Liu H Y，et al. Route to high-energy density polymeric nitrogen *t*-N via He-N compounds[J]. Nature Communications，2018，9，722.

[59]LeBlond R D，DesMarteau D D. Fluoro[imidobis（sulphuryl fluoride）]xenon. An example of a xenon-nitrogen bond[J]. Journal of the Chemical Society，Chemical Communications. 1974，555.

[60]Wang Y C，Ma Y M. Perspective：Crystal structure prediction at high pressures[J]. Journal of Chemical Physics. 2014，140，040901.

[61]Zhu L，Liu H Y，Pickard C J，et al. Reactions of xenon with iron and nickel are predicted in the Earth's inner core[J]. Nature Chemistry. 2014，6，644.

[62]Miao M S. Xe anions in stable Mg-Xe compounds：the mechanism of missing Xe in earth atmosphere[J]. arXiv：2013，1309.0696.

[63]Peng F，Wang Y C，Wang H，et al. Stable xenon nitride at high pressures[J]. Physical Review B，2015，92，094104.

[64]Jamieson J C，McWhan D B. Crystal structure of tellurium at high pressures[J]. Journal of Chemical Physics. 1965，43，1149.

[65]Li D，Tian F B，Lv Y Z，et al. Stability of sulfur nitrides：A first-principles study[J]. Journal of Physical Chemistry. C，2017，121，3，1515-1520.

[66]Liu Z，Liu Y，Li D，et al. Insights into antibonding induced energy density enhancement and exotic electronic properties for germanium nitrides at modest pressures[J]. Inorganic Chemistry. 2018，57，16，10416-10423.

[67]Peng F，Ma Y M，Hermann A，et al. Recoverable high-energy compounds by reacting methane and nitrogen under high pressure[J]. Physical Review Materials，2020，4，103610.

第5章 在光伏材料设计中的应用

随着科学技术的不断进步，社会经济迅猛发展，人口过度膨胀，导致人们对能源的需求日益增加，石油、煤炭等非可再生能源的快速消耗及由此造成的环境污染问题也日益严重。因此，开发新型、清洁、可再生能源迫在眉睫。太阳能作为清洁、安全且长久不衰的高效能源，受到了全世界的广泛关注。太阳能电池可以将太阳能直接转换成电能，是对太阳能最直接和最有效的利用。

光伏发电规模的扩大和持续发展依赖于光伏材料的持续革新和技术的不断进步。太阳能电池的发展可以追溯到1839年，法国的Becquerel最早发现了液体电解液中的光电效应，直到1883年由美国的Fritts使用硒制备出了第一块太阳能电池。经过半个世纪的发展，1930年，Schottky提出Cu_2O势垒的“光伏效应”理论。同年，Longer首次提出可以利用“光伏效应”制造“太阳能电池”，将太阳能转变为电能。随后，美国贝尔实验室的Pearson于1954年发明了电池光电转换效率为6%的单晶硅太阳能电池，开启了PN结太阳能电池的新时代。

PN结是指将P型和N型半导体材料生长结合在一起，如图5.1（a）所示。P半导体通常也可以称为空穴型半导体，其杂质半导体中空穴浓度远大于自由电子浓度；相反，对于N型半导体（电子型半导体），其自由电子的浓度远大于空穴载流子的浓度。由于两种杂质半导体（P型和N型半导体）的费米能级和载流子浓度存在着差异性，当它们相互接触时，P型半导体中的空穴会向N型半导体进行扩散，而N型半导体中的电子会向P型半导体扩散。在交界处（即形成PN结的位置）引起电荷聚集，进而构建成具有一定强度的内建电场区域，这在一定程度上有效地阻止了P型侧的空穴继续向N型侧扩散，以及N型侧的电子继续向P型侧扩散，最终使得载流子的扩散速率与漂移（在内建电场作用下载流子的运动）速率基本上达到平衡的状态。当半导体受到外界条件作用时（如光照情况），电子将从光中获得能量。当获得能量大于半导体材料能隙宽度时，电子将由价带跃迁至导带成为导带中自由电子，与此同时，在原有的价带位置处将产生出等量的空穴（如图 5.1（b）所示），随后因光照而产生的电子—空穴对会在内建电场的驱动下沿着相反的方向漂移，即光生电子和空穴分别朝向负极和正极的方向移动。在光生电子—空穴对返回基态之前，分别通过电子和空穴传输层输运到太阳能电池的两极，进而使得两极之间存在着一定程度上的电势差，这就是太阳能电池的基本工作原理。如果我们把 PN 结两端的电极接入于外电路中，将形成闭合的光电流电路。

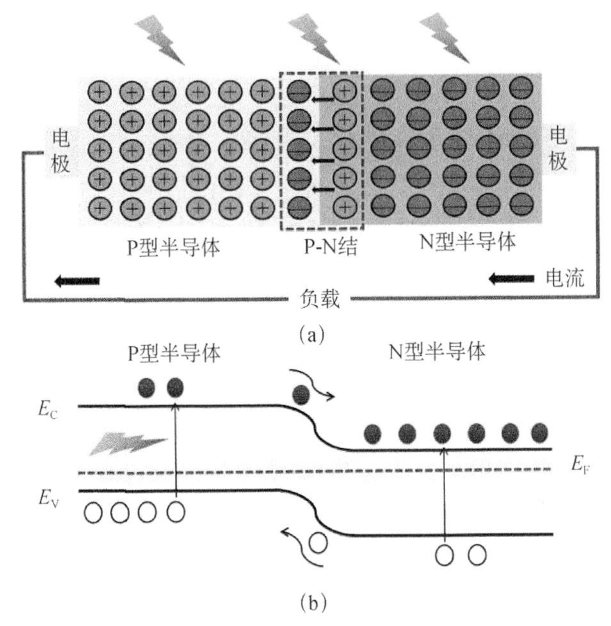

图 5.1　PN 结太阳能电池的工作原理（扫描封底二维码可见彩图）

迄今为止，太阳能电池已经发展到了第三代。第一代为硅太阳能电池，硅太阳能电池分为单晶硅太阳能电池、多晶硅薄膜太阳能电池和非晶硅薄膜太阳能电池三种。第二代为多元化合物薄膜太阳能电池，主要以 III-V 族化合物中的砷化镓、硫化镉及铜铟硒等为主。这些多元化合物太阳能电池材料中普遍存在着有毒元素（镉）或昂贵与稀缺的地壳元素（镓、铟等），使得这类太阳能电池很难实现大规模生产，极大程度地限制了这类太阳能电池材料大规模商业化的使用。第三代新型太阳能电池材料主要以有机太阳能电池、染料敏化太阳能电池、钙钛矿太阳能电池等为代表。

太阳能电池的核心部件是吸光材料，即光伏材料。根据 Shockley-Queisser 极限效率，与太阳光能量匹配最佳的吸收层材料是带隙宽度为 1.34 eV 的直接带隙半导体材料[1]。目前常用的光伏材料主要有硅、砷化镓、碲化镉、铜铟镓硒等。但这些材料也面临着各种各样的问题，比如间接带隙硅材料的吸光性不好，砷化镓与碲化镉具有毒性，而铜铟镓硒材料的生产成本高等。因此，寻找高效、稳定、无毒、成本低廉的太阳能电池材料是目前光伏领域的研究热点。

采用实验方法寻找新型光伏材料需要耗费大量的时间、人力和原材料进行盲试，以至于实验合成成本相对较高，同时成功率较低。晶体结构预测方法的不断发展使人们从理论上设计新型光伏材料成为可能。

5.1 Si 太阳能电池

硅（Si）是地球上资源最丰富的元素之一，占地壳含量的四分之一左右。Si 是最主要的元素半导体材料，在光伏领域、功率半导体行业和集成电路产业中均占据核心位置。迄今为止，在光伏领域中虽然已经涌现了大批的有机薄膜和化合物半导体太阳能电池，但是以单晶硅、多晶硅和非晶硅为主的硅基半导体材料仍是使用量最大的材料。作为研究较早发展较为成熟的 Si 基光伏器件，多晶硅电池将太阳能转换为电能的光电转化效率最大可以超过 20%，而单晶硅电池将太阳能转换为电能的光电转化效率则最大可以超过 25%。Si 基电池产业链的发展比较完善，同时拥有着较高的太阳能转化效率，所占有的市场总份额也最高。

常用的金刚石相 Si 是一种间接带隙半导体，其固有的能带结构限制了它的光电转换效率，阻碍了它成为下一代高效太阳能电池，因此通过晶体结构设计来改进硅基材料的光伏性能具有重要意义。

5.1.1 单质 Si 吸收层

单质硅在高压下会发生复杂的结构相变。在常压条件下，Si 最稳定的相是立方金刚石结构。随着压力的增加，Si 表现出一系列的相变：压强在大约 12 GPa 下，会从立方金刚石相转变为 β-Sn 相；在 13～16 GPa 压强范围内，会从 β-Sn 向正交晶系（*Imma*）转变，再转变为简单的六方相；在大约 38 GPa 压强下，从简单的六

方相向正交晶系的 *Cmca* 相转变；在 42 GPa 下，从 *Cmca* 相转变为六角密堆结构，最后在 78 GPa 下转变为面心立方结构。β-Sn 结构随着压强的缓慢释放，Si 转变为以扭曲的 sp^3 键为特征的菱形 R8 和体心 BC8 亚稳相，它们可以在常压下存在。如果将 BC8 硅从 200℃加热到 600℃，它将转变到六方金刚石亚稳相。在 β-Sn 相快速释放压力的实验中观察到另外两个相，即 Si-VIII 和 Si-IX 结构。其中，单质 Si 光伏器件应用最广泛的是由立方金刚石硅（*dia*-Si）制成的。然而，*dia*-Si 的固有特性，如间接带隙（1.1 eV）和较大的直接光学带隙（3.4 eV）限制了其对可见光的吸收率。研究人员对理论预测的体心四方相（BCT）和实验制备的 R8 结构进行了研究，但遗憾的是，与立方金刚石硅相比，BCT 硅在可见光下并没有表现出增强的吸收特性，而 R8 的间隙对于光伏应用来说太小（0.24 eV）。为了寻找更适合可见光吸收、具有直接带隙的硅基光伏材料，人们通过晶体结构预测开展了大量的研究。

1. Si_{20}-T 结构

逆能带结构设计是一种解决具有目标电子结构性质系统的原子构型问题的理论方法[2]。2013 年，一种新的基于粒子群（PSO）算法的逆能带结构设计方法被开发，并成功地设计出具有优异光学特性的亚稳相硅[3]。在 PSO 逆能带结构设计算法中，首先生成随机选择空间群的 N_p 随机结构（即粒子）。然后，对每个初始结构进行局部优化，包括原子坐标和晶格参数。对于每个优化结构，使用密集的 k 网格计算电子结构，并计算每个 k 点的价带最大值（VBM）和导带最小值（CBM）之间的跃迁矩阵元素。从电子结构上可以确定间接带隙（E^{id}_g）和直接带隙（E^d_g）。

通过这种晶体结构预测方法，一种可以应用于薄膜太阳能电池的新型硅相 Si_{20}-T 被提出，其晶体结构如图 5.2（a）所示。Si_{20}-T 具有立方 T 对称，空间群为 $P2_13$。Si_{20} 相的电子结构表明 Si_{20}-T 在（0.17，0.17，0.17）附近有准直接带隙，如图 5.2（b）所示。Si_{20}-T 的直接带隙为 1.55 eV，远远大于金刚石 Si。总体 VBM 位于（0，0.25，0）附近，但仅比（0.17，0.17，0.17）的 VBM 高 0.06 eV。基于 HSE06 波函数和本征值的 G_0W_0 计算表明，Si_{20}-T 的带隙为 1.61 eV。Si_{20}-T 的光吸收也从直接带隙跃迁能（1.55 eV）开始，如图 5.2（c）所示。众所周知，直接隙在 1.4 eV 左右的半导体最适合用作太阳能吸收材料。与金刚石 Si 相比，Si_{20}-T 的带隙较大，而直接带隙较小。Si_{20}-T 带隙的增大有利于开路电压的增加，而直接带隙的减小有利于光吸收的增加，从而提高了太阳能电池的光电流。因此，认为 Si_{20}-T 是一种比金刚石硅更好的太阳能电池吸收体。

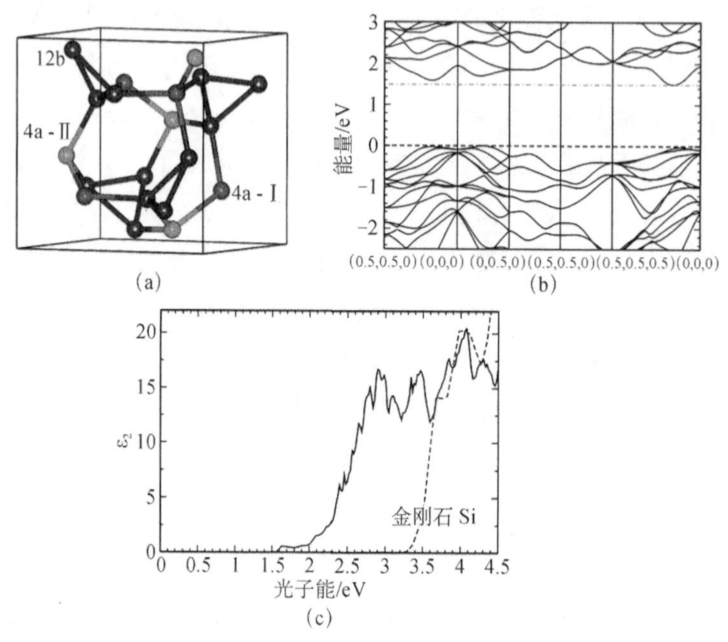

图 5.2 （a）Si_{20}-T 的几何结构，三个不同的 Si 位置（4a-I，4a-II 和 12b），（b）Si_{20}-T 的能带结构，（c）Si_{20}-T 的吸收光谱（扫描封底二维码可见彩图）（此图来源于文献[3]）

2. 适用于串联太阳能电池的 Si 单质结构

根据 Shockley-Queisser 极限，单个 PN 结电池的最大太阳能转换效率是材料带隙的函数，在带隙为 1.34 eV 的区域，最大太阳能利用率为 33.7%。然而，商用硅电池只能达到 15%～20%，这主要是由于直接带隙和间接带隙之间的巨大能量差所导致。为了提高硅太阳能电池的性能，需要寻找具有最佳带隙宽度的直接带隙硅同素异构体。

但是即使硅太阳能电池的带隙处于最优值并达到最大转换效率，单结电池也不能吸收整个太阳光谱的太阳光，即频率低于或远高于带隙的太阳光不能被充分利用。为了进一步提高硅太阳能电池的效率，一种有效的方法是采用串联结构。串联电池需要具有不同带隙的半导体来匹配太阳光谱的不同频率，不同波长的阳光可被相应的光活性层吸收。研究发现，具有无限数量的 PN 结的串联太阳能电池的转换效率达到 68%，能够打破 Shockley-Queisser 极限[4]。因此，需要具有不同直接带隙的硅材料来充分利用太阳光。

通过晶体结构预测方法，六种带隙宽度在 0.39～1.25 eV 范围内的直接或准直接带隙的 Si 结构被成功预测出来[5]。常压下，这六种结构都比 Si_{20}-T 结构具有能量优势。此外，它们具有比金刚石 Si 更好的光学性能。如果这些亚稳态结构能够被合成，它们可以应用于单 PN 结薄膜太阳能电池或串联光伏器件。

六种亚稳态硅同素异形体的晶体结构如图 5.3 所示。所有的结构都是四配位的，且具有不同程度的变形。除 oF_{16}-Si 外，所有的结构都包含由四元环、五元环或六元环连接的一维（oC_{12}-Si，tI_{16}-Si，hP_{12}-Si 和 mC_{12}-Si）或二维（tP_{16}-Si）的隧穿孔洞。oC_{12}-Si 和 mC_{12}-Si 在结构上有一些相似之处，它们都是由五元环、六元环和八元环组成的，且堆叠方式不同。tI_{16}-Si 和 hP_{12}-Si 分别由（4，0）和（3，3）硅纳米管相互结合形成三维结构。oF_{16}-Si 的不同之处在于其与金刚石相的结构相似。

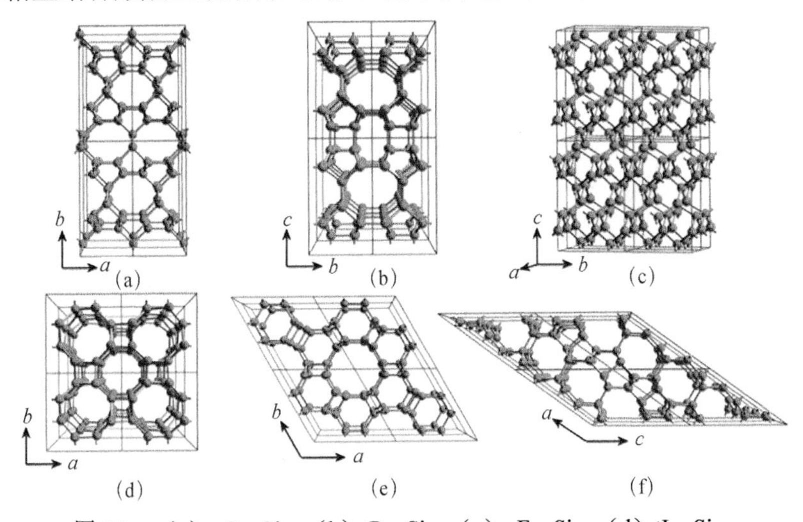

图 5.3　（a）oC_{12}-Si，（b）tP_{16}-Si，（c）oF_{16}-Si，（d）tI_{16}-Si，（e）hP_{12}-Si 和（f）mC_{12}-Si 的晶体结构（扫描封底二维码可见彩图）

（此图来源于文献[5]）

通过计算焓值，比较了六种 Si 结构与金刚石相和 Si_{20}-T 的能量关系。在常压力条件下，金刚石相的能量最低，仍然为最稳定相。所有新预测结构的能量都比 Si_{20}-T 相更低，具有更好的稳定性。六种 Si 相的能量由低到高依次为 mC_{12}-Si、oC_{12}-Si、tI_{16}-Si、hP_{12}-Si、oF_{16}-Si 和 tP_{16}-Si，与其结构密切相关。在亚稳态结构中，四面体的变形会导致其更高的能量，平面四元环会比五元环产生更严重的变形。由于结构中排除了四元环，mC_{12}-Si 和 oC_{12}-Si 具有更低的能量。tI_{16}-Si 含四元环，但是其四元环不是平面的，因此 tI_{16}-Si 的变形没有 hP_{12}-Si 和 tP_{16}-Si 的变形大，具有比 hP_{12}-Si 和 tP_{16}-Si 更低的能量。

对于用于光伏器件的材料来说，带隙是一个关键参数。PBE 泛函计算表明，oC_{12}-Si 的带隙为准直带隙（直带隙与基本带隙的能量差很小，仅为 0.0007 eV），其他结构的带隙均为直接带隙。图 5.4 展示了用 HSE06 杂化泛函计算得到的电子能带结构。oF_{16}-Si、tP_{16}-Si、mC_{12}-Si 和 tI_{16}-Si 相均表现出直接带隙。hP_{12}-Si 和 oC_{12}-Si 由于导带最小值和价带最大值在布里渊区 K 点处不同而呈现准直带隙。对于 hP_{12}-Si，导带最小值在 K-G 方向的（−0.037，0.074，0.0）点，价带最大值在 G 点。对于 oC_{12}-Si，导带最小值在 Y 点，价带最大值在 G 点。hP_{12}-Si 和 oC_{12}-Si 的直接带隙和基本带隙的能量差分别为 0.016 eV 和 0.0062 eV。其中，tI_{16}-Si 和 mC_{12}-Si 的带隙最大，分别为 1.25 eV 和 1.24 eV。这些结构（除 hP_{12}-Si 外）的带隙均处于 Shockley-Queisser 极限所建议的最佳值范围。

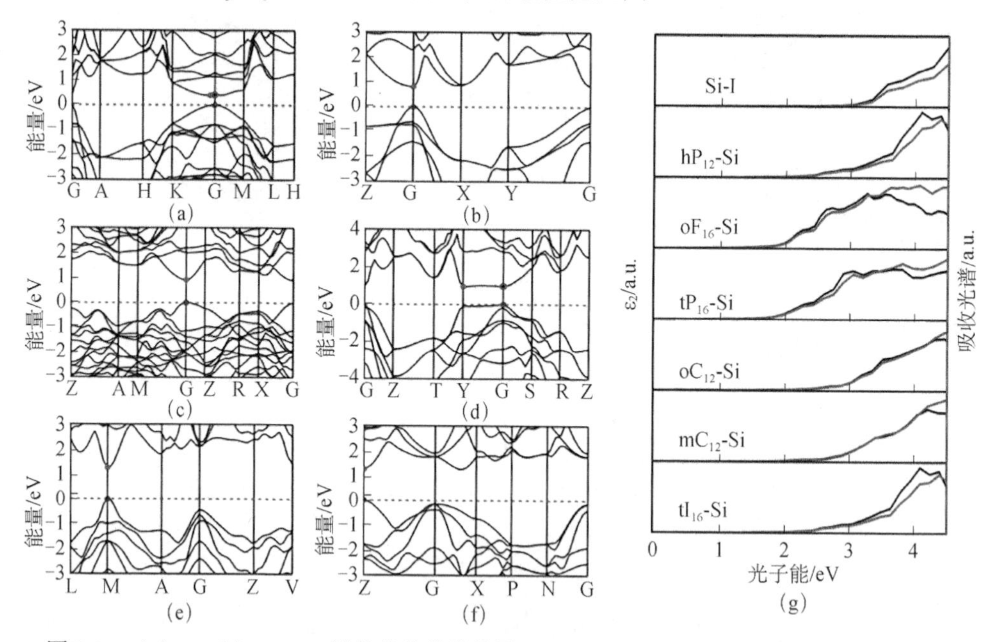

图 5.4　(a)～(f) HSE06 计算的能带结构图 (a) hP_{12}-Si，(b) oF_{16}-Si，(c) tP_{16}-Si，(d) oC_{12}-Si，(e) mC_{12}-Si，(f) tI_{16}-Si 和 (g) 不同结构的吸收光谱（扫描封底二维码可见彩图）
（此图来源于文献[5]）

图 5.4（g）用 HSE06 泛函计算了不同结构的介电函数虚部和光吸收系数，并与金刚石相的虚部进行比较。众所周知，金刚石相 Si 的低转换效率部分是由于其

大的光学带隙导致了低于光学隙能的太阳能的浪费。结果表明，与金刚石相 Si 相比，他们提出的同素异形体可以在较低的能量开始吸收太阳光。这些同素异形体的吸收开始于不同的能量，这些能量覆盖了太阳光谱中的各种频率。通过将这些相串联叠加，可以制备出高效的太阳能器件。

3. Si 笼子的结构

IV 族元素（Si、Ge）可以与金属元素形成类似于笼形水合物的笼型结构，分子式为 M_8X_{46}（Ⅰ型笼子）和 $M_{24}X_{136}$（Ⅱ型笼子）。2015 年，Strobel 等人[6]以 Na_4Si_{24} 笼合物为前驱体，通过高温蒸发钠原子合成了一种无客体原子的 Si 笼子（Si-24，空间群 *Cmcm*）。它具有准直接带隙，光吸收谱与太阳光谱吻合较好，表明 Si-24 在光伏领域具有潜在的应用价值。

受此工作启发，具有不同孔洞尺寸的 Si 笼型结构通过两步法被获得，如图 5.5（a）所示[7]。图 5.5（b）为 Si 的能带结构，除 *C*2/*m*-16 结构外，其他三种硅结构均为间接带隙半导体。三种结构的带隙均在 Shockley-Queisser 极限的最佳范围内。在这些 Si 结构中，*Cmmm*-24 的直接带隙约为 1.4 eV、*Cmcm*-24 为间接带隙（价带较最高点和导带最低点分别为 Y 点和 G 点），在 G 和 Y 处的带隙宽度分别为 1.02 eV 和 1.1 eV。因此，该材料的转换效率可以与直接带隙材料相似。*C*2/*m*-16 能带在 Z 点有一个微小的间隙，大约 35 meV，能带结构中有较强的色散，表明该结构中的载流子应该具有相当大的迁移率。

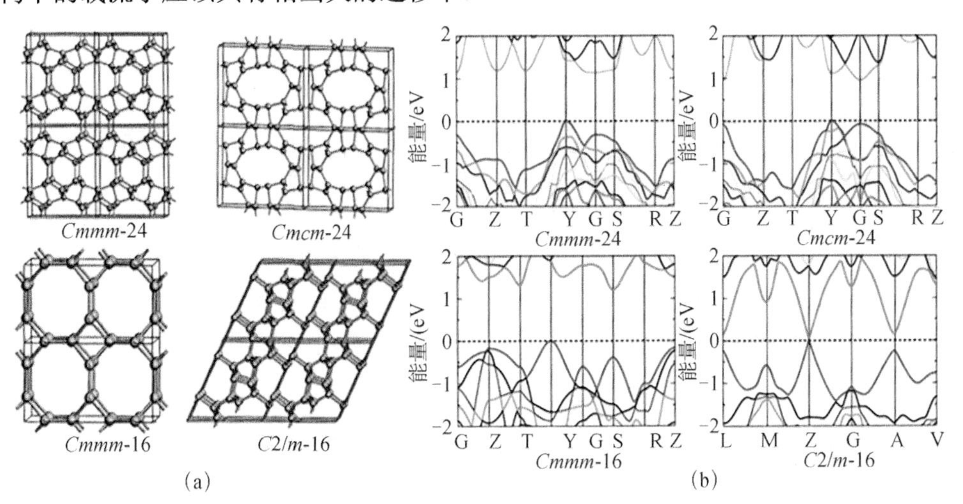

图 5.5 （a）Si 的晶体结构，（b）常压下 Si 笼子结构的能带结构（扫描封底二维码可见彩图）（此图来源于文献[7]）

Si 结构的吸收光谱如图 5.6 所示，可以看出，在 1.7～3.2 eV 的可见光范围内，四种预测的结构比金刚石硅有更大的吸收率。此外，这些 Si 结构的吸收值也与 $CuInSe_2$ 化合物相当。*C*2/*m*-16 结构除了在可见光范围有较好的吸收外，在 0.5 eV 左右有一个相当明显的吸收峰，说明该结构在红外范围也有潜在的应用前景。这些计算的吸收光谱表明，新预测的笼型硅结构在高效太阳能电池中具有广阔的应用前景。

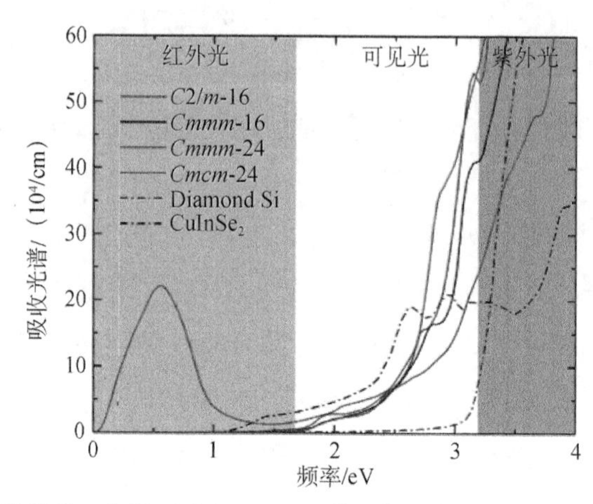

图 5.6　预测的硅结构、金刚石硅和 $CuInSe_2$ 的吸收光谱（扫描封底二维码可见彩图）
（此图来源于文献[7]）

4. c-Si_{12} 结构

2015 年，一项实验工作在高压下合成了 Na_4Si_{24} 前驱体[6]，通过热“脱气”过程去除其中的钠原子，合成了一种新的准直接带隙接近 1.3 eV 的硅同素异形体，这项工作扩展了实验合成新型硅的同素异形体的途径。

本课题组采用 CALYPSO 结构搜索方法在 0～30 GPa 压强范围内，对 $CsSi_6$ 的 1～4 倍胞进行了的结构预测[8]，确定了三个能量稳定的 $CsSi_6$ 相，如图 5.7 所示。在常压下，发现了一个空间群为 *Im*-3*m* 的笼型结构（图 5.7（a））。此结构采用双方钠石结构，由 6 个四边形和 8 个六边形构成笼型，含有 24 个 Si 原子，每个笼型结构中心包含一个 Cs 原子。通过声子谱计算表明该相在常压下是动力学稳定的。常压下 *Im*-3*m* 结构优化后的晶格参数为 a=6.679 Å，Si-Si 键长为 2.361 Å。当压强达到 8.2 GPa 时，*Cmcm* 相变得更加稳定（图 5.8）。该相采用与 Na_4Si_{24} 相相似的正交结构，晶格参数 a=4.300 Å，b=10.644 Å，c=12.830 Å。有三个非等效的 Si 位置和四个四面体相连的 Si 原子，键长从 2.384 Å 到 2.616 Å。在这个阶段，硅原子形成五边形、六边形和八边形的线性通道（图 5.7（b））。当压强达到 20.8 GPa 时，发现在能量上单斜相 *C2/m* 比 *Cmcm* 相更有利（图 5.7（c））。在常压下，其优化参数为 a=17.440 Å，b=4.726 Å，c=7.526 Å，β=82.181°。此外，该 *C2/m* 相具有 5 配位的 Si 原子。

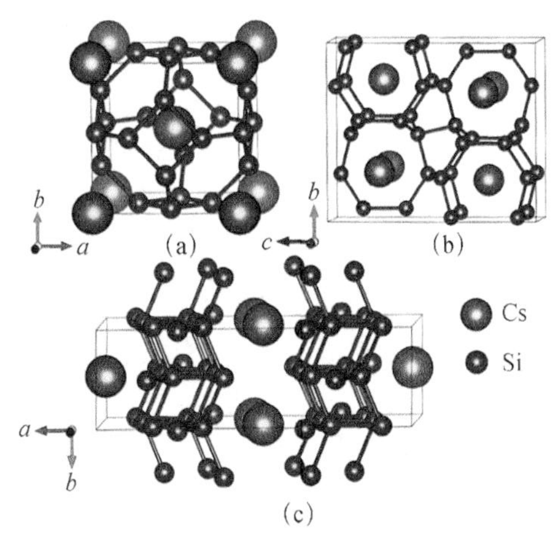

图 5.7　预测的 $CsSi_6$ 相在常压和高压下的晶体结构（a）*Im-3m* 结构，（b）*Cmcm* 结构，（c）*C2/m* 结构（扫描封底二维码可见彩图）

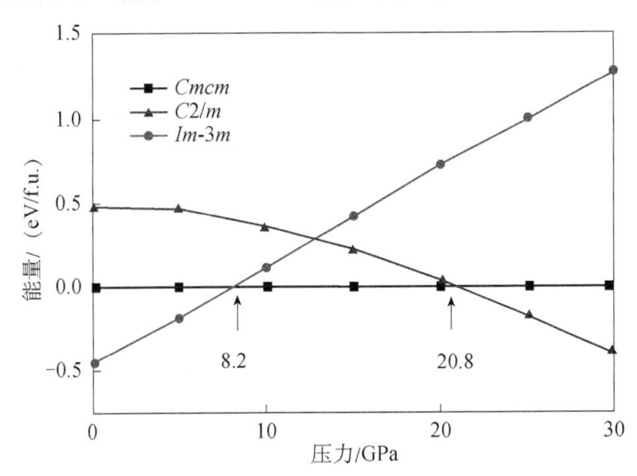

图 5.8　不同压力下 $CsSi_6$ 的各相相对于 *Cmcm* 相的焓图（扫描封底二维码可见彩图）

受之前 $NaSi_6$ 工作的启发，我们将 Cs 原子从 *Im-3m* $CsSi_6$ 相移除，得到了 Si 笼结构。在常压下，c-Si_{12} 的最佳晶格参数为 a=6.732 Å，Si 原子占据 12d（0，0.5，0.25）。晶格参数变化+0.794%，表明隧道直径增大了。图 5.9（a）为 c-Si_{12} 结构的声子谱，表明 c-Si_{12} 是动力学稳定的。利用 PBE 泛函进一步研究了电子能带结构

（图 5.9（b））。众所周知，PBE 泛函结构通常低估了预测结构的带隙。HSE 的杂化泛函通常比 PBE 泛函提供更精确的电子带隙。结果表明：利用 HSE 泛函计算的 c-Si_{12} 结构带隙为 1.167 eV，而 PBE 泛函计算的带隙为 0.204 eV，表明新发现的 c-Si_{12} 结构具有理想的带隙，如果能通过压力实现合成，它将成为太阳能电池材料的潜在候选材料。

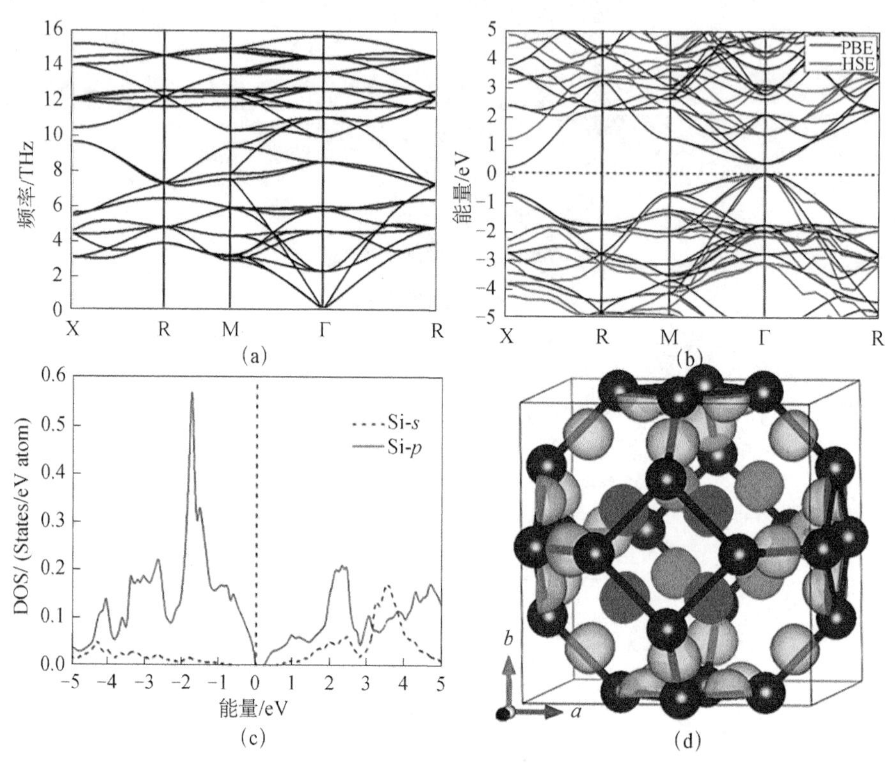

图 5.9 （a）声子谱图，（b）利用 PBE（黑线）和 HSE（红线）泛函计算的电子能带结构，（c）电子态密度，（d）0 GPa，c-Si_{12} 结构的 ELF 图（等值面为 0.85）（扫描封底二维码可见彩图）

5. Si 烯结构

硅烯材料由于其新颖的性质引起了人们的极大关注，目前人们已成功在很多金属基底上生长了单层和多层硅。Si（111）−1×1 晶格的表面重构研究表明 Si 薄膜在空气中能够表现出一定的稳定性，在纳米级电子学、光子学和自旋电子学等方面具有较大的应用前景。然而，金属衬底上的硅通常表现出金属或半金属性质，衬底对多层硅的光吸收率也有很大影响[9]，从而影响其光伏效率，因此不能用作光伏材料的吸附层。增加 Si 层厚度可以有效调节 Si 烯材料的带隙，为进一步设计具有合适直接带隙的硅基光伏材料提供一条可行的途径。

通过 CALYPSO 晶体结构预测法对单层到五层硅烯的最稳定相进行的结构搜索，三组三层 Si 烯结构被提出[10]。第一组有两种 Si 烯结构，一种是具有 *P*2/*c* 对称性的三层硅烯，类似于重建的六角相（hex）Si（1-10）表面，表示为 hex-*P*2/*c*-2×2；另一种是具有 *Pm* 空间群的三层结构（表示为 hex-*Pm*-2×1），能量只比 hex-*P*2/*c*-2×2 高 5 meV/原子。第二组中唯一确定的是已知的 $P2_1/m$-2×1，以 Si（111）−2×1 表面重构为特征，由重构的五元和七元 Si 环组成，在能量上比 hex-*P*2/*c*-2×2 高 41.6 meV/原子。第三组为 *Pm*-2×1 三层硅烯，能量比 hex-*P*2/*c*-2×2 高 67.7 meV/原子，以上结构及能量如图 5.10 所示。

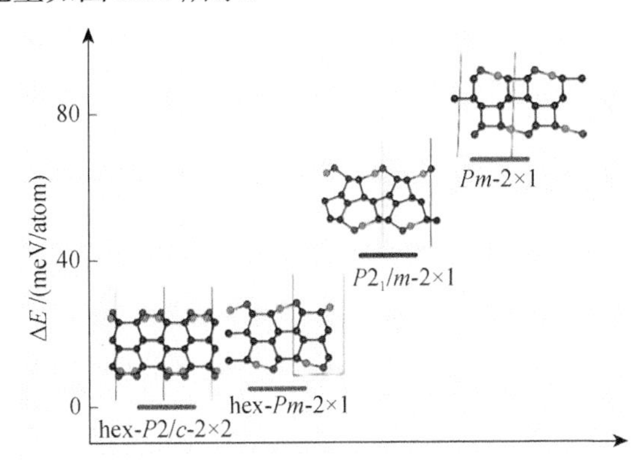

图 5.10　三层硅烯的最低能量和结构的剖面图（扫描封底二维码可见彩图）

（表面高度突出的 Si 原子、第二突出的 Si 原子以及剩余的 Si 原子分别用品红、绿色和蓝色的球来描绘。能量是相对于最稳定的 hex-*P*2/*c*-2×2 结构的能量。此图来源于文献[10]）

能带结构和分立态密度（PDOS）计算表明，hex-*P*2/*c*-2×2 相为半导体，价带最高点位于 Γ 点，而导带最低点位于（−0.2，0.2，0），但仅比 Γ 处的导带最低点低 0.06 eV，具有准直接带隙 0.76 eV。hex-*Pm*-2×1 相为半导体，间接带隙为 0.79 eV。这两个相的价带最高点和导带最低点的分立电荷密度具有相似的特征：价带最高点的电荷密度主要由表面硅原子的三重简并的 π（p_z）和 σ 分子轨道的杂化贡献，而导带最低点的大部分电荷密度来源于三重简并的硅原子的 π 轨道。

二维材料在不同衬底上生长时，由于晶格失配容易产生低应变。在六角 *P*2/*c*-2×2 上施加双轴应变发现，2.5%的拉伸应变会导致最大带隙变为 0.86 eV。在这种拉伸应变下，价带最高点和导带最低点都位于 Γ 点，变为直接带隙半导体。研究表明，在拉伸应变下，导带变宽，价带变窄；在压缩应变下，随着应变的增加，导带变窄，价带变宽。在拉伸或压缩应变下，Si-Si 二聚体键长（d_3）几乎没有变化。然而，随着拉伸应变的增加，Si 六圆环中的其他 Si-Si 键长度（d_1和 d_2）增加，并且六圆环变得平坦，表面层厚度（h）减小。这种扁平化增强了 Si 中的 sp^2 杂化。

通过计算六角 $P2/c$-2×2 相的光谱极限最大效率（SLME）估算了太阳能电池最大效率，光谱极限最大效率的计算基于改进的 Shockley-Queisser 模型，该模型包含带隙大小、带隙类型（直接与间接）、吸收光谱和与材料相关的非辐射复合损耗。六角 $P2/c$-2×2 三层硅烯的光吸收系数接近 10^4～10^5cm^{-1}，与转换效率最高的 GaAs 薄膜太阳能电池吸收层的数量级相同，远远超过 c-Si。特别是约 1μm 膜厚的六角 $P2/c$-2×2 硅烯的转换效率为 29%，略低于 GaAs（32%）。因此，人们可以通过施加双轴应变的方式来设计 Si 材料的能带结构，寻找到潜在的光伏器件材料。

5.1.2　Si 基化合物半导体吸收层

目前的研究工作已发现大量的亚稳相 Si 材料，例如，Botti 等人提出了一系列低能量的硅同素异形体，其准直接带隙宽度在 1～1.5 eV 区间[11]，向红军教授等人提出了一种准直接隙为 1.55 eV 的立方 Si_{20}-T 相[2]。虽然这些相具有比金刚石硅更好的光学性能，但还没有达到理想的光学带隙。因此，人们希望通过将硅与其他元素合金化来提高硅基太阳能电池效率。

1. K-Si 化合物

碱金属/碱土金属-ⅣA 化合物不仅具有特殊的性质和潜在的应用前景，同时它们可以作为合成新型ⅣA 同素异构体的前驱体，因此人们对碱金属/碱土金属-碳/硅化合物压力下的聚合行为进行了深入的研究。

在 0～30 GPa 压强范围内，利用 USPEX 方法对 K-Si 体系进行了晶体结构预测，成功地发现了若干个新型 K-Si 化合物[12]。在这些新型 K-Si 化合物中，R-3m-K_4Si、P-1-K_3Si_2、P-43n-KSi、$C2/m$-KSi_2 和 $C2/m$-KSi_3 在红外和可见光范围内表现出比金刚石硅更高的吸收率，见图 5.11，在 2.5 eV 左右有一个明显的吸收峰，表明该结构在可见光范围有潜在的应用前景。

2. Cs-Si 化合物

Si 可以与碱金属、碱土金属或镧系元素反应形成各种稳定的二元 Zintl 相，它们通常是金属间化合物。在 Zintl 硅化物中，电子可以从其他元素转移到硅原子上，形成各种具有 Si-Si 共价键的亚网络结构。在过去的几十年中，Zintl 硅化物因其优异的物理和化学性能而备受关注。

CsSi 的常压相采用 KGe 结构类型（空间群 P-43n，Z=32），而高压相采用 NaPb 结构类型（空间群 I41/acd，Z=32）。同时发现，以 CsSi 为起始原料，通过高压或热分解可以得到 I 型笼状相 $Cs_{8-x}Si_{46}$ 和 II 型笼状相 Cs_7Si_{136} 的相。

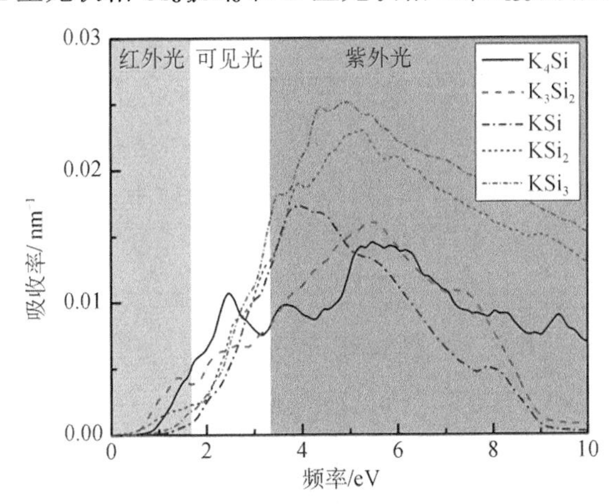

图 5.11 几种半导体的光学吸收光谱（扫描封底二维码可见彩图）
（此图来源于文献[12]）

本课题组使用粒子群 CALYPSO 方法对新型 CsSi 结构在常压下进行了晶体结构预测，发现了一个未知的正交 Zintl 相 CsSi（空间群 I-4，16 个原子/晶胞），如图 5.12 所示[13]。在预测的 I-4-CsSi 结构中，Si 原子形成孤立的四面体，具备碱金属的 Zintl 相硅化物的典型特征。在常压下，优化的晶格参数为 a=10.107 Å 和 c=7.022 Å，Cs 原子占据 8g（0.112，0.259，0.909），Si 原子占据 8g（0.115，0.96，0.619）的位置。

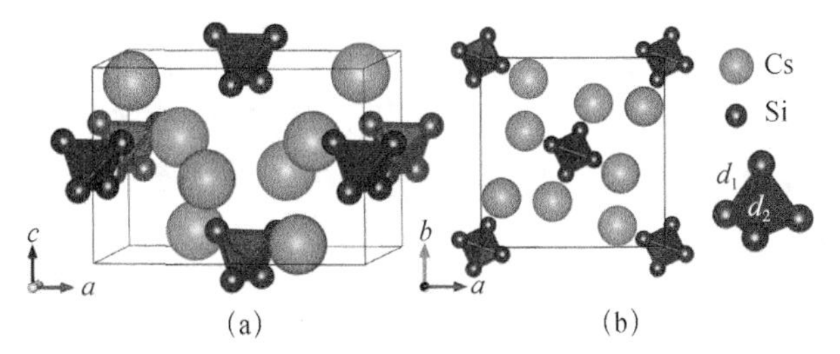

图 5.12 预测的 CsSi 结构（扫描封底二维码可见彩图）
（a）多面体视图，（b）c 轴视图

我们通过计算形成焓研究 *I*-4-CsSi 相的热力学稳定性，其焓值由公式 $\Delta H=[H(\mathrm{CsSi})-H(\mathrm{Cs})-H(\mathrm{Si})]/2$ 得出，其中 *H*（CsSi）是 *I*-4CsSi 的焓，*H*（Cs）是 bcc-Cs 的焓，*H*（Si）是金刚石结构 Si 的焓。计算中还考虑了已知的 *P*-43*n*-CsSi 和 *I*41/*acd*-CsSi 结构的形成焓。在 4 GPa 压强以上，*I*41/*acd* CsSi 的焓低于的 *P*-43*n* 结构的焓，表明 *I*41/*acd* 相在该压力以上变得稳定，这与在 4 GPa 压力下实验制备 *I*41/*acd* CsSi 的结果一致。我们的结果表明，常压下 *I*-4-CsSi 的 ΔH 为−0.032 eV/原子，分别比 *I*41/*acd* 和 *P*-43*n*-CsSi 高 27 和 50 meV/原子。

为了研究 *I*-4-CsSi 的动力学稳定性，我们计算了常压下的声子色散曲线，如图 5.13（a）所示。在整个布里渊区没有虚频，这表明了 *I*-4-CsSi 具有动力学稳定性。因此，*I*-4-CsSi 化合物是亚稳相。当压强增加到 49.2 GPa，*I*-4-CsSi 的焓值低于 *P*-43*n*-CsSi，但 *I*41/*acd* 相仍然是最稳定的相。

I-4-CsSi 的电子能带结构，如图 5.13（b）所示。众所周知，PBE 泛函通常低估带隙，而 HSE06 杂化泛函通常给出更精确的电子带隙。HSE06 泛函计算的 *I*-4-CsSi 带隙为 1.42 eV，PBE 泛函计算的带隙为 0.92 eV，导带的最小值在 Γ 点，价带的最大值在沿 Γ-*Z* 方向的 M 点，位于 M 点的直接带隙为 1.45 eV（PBE 计算值为 0.93 eV），表明 *I*-4-CsSi 是具有准直接带隙的半导体。

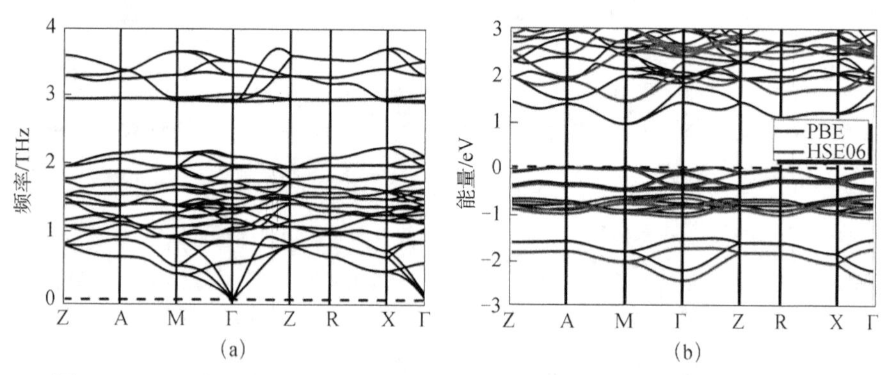

图 5.13　*I*-4 CsSi 结构（a）声子谱（b）能带结构（扫描封底二维码可见彩图）
红色线为 HSE 泛函计算结果，黑色线为 PBE 泛函计算结果

为了进一步探索光伏器件的潜在应用，我们使用 HSE06 泛函模拟了 *I*-4-CsSi 的吸收光谱，如图 5.14 所示。对于 *I*-4-CsSi，低能光子的吸收从～1.5 eV 开始，接近其带隙（E_g=1.45 eV）。在 1.7～3.2 eV 的可见光范围内，*I*-4-CsSi 相的吸收强度远大于 dia-Si。与 dia-Si 相比，直接光学带隙的减小有利于提高太阳能电池的吸收，

从而提高太阳能电池的光电流。这表明 *I*-4-CsSi 具有在高效硅基太阳能电池领域的潜在应用。

3. $AlPSi_3$ 化合物

目前，大多数制造的太阳能电池都是基于第一代基于晶体硅的太阳能电池，因为它们无毒且成本低。尽管已经做出了许多工作来提高硅基太阳能电池的性能，但单结太阳能电池的转换效率始终无法达到 Shockley-Queisser 极限。根据入射太阳光谱，由窄带隙和宽带隙材料结合在一起的串联太阳能电池，双结串联太阳能电池的理论效率为 44%，而无限多个结的理论效率高达 65%[14]。对于由两个太阳能电池组成的串联装置，顶部电池带隙宽度为 1.5～2.0 eV 的吸收体可收集高能光子，底部电池带隙为 1.0～1.5 eV 的吸收体可收集低能光子[15]。通过将两个或多个不同的带隙子电池堆叠而成的串联太阳能电池已被证明是提高光子捕获范围和能力的成功策略。

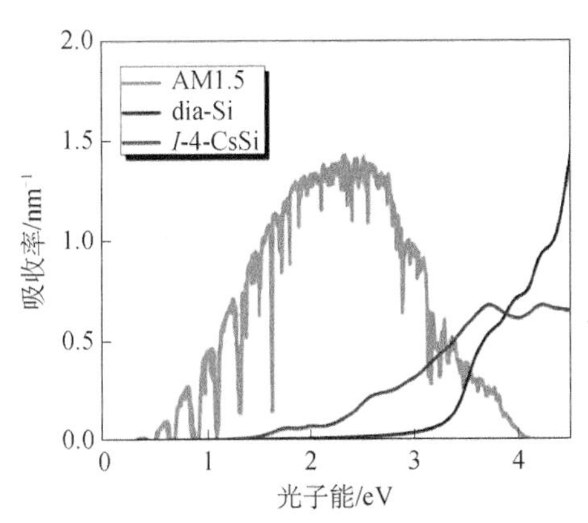

图 5.14 *I*-4-CsSi 和金刚石 Si 的吸收光谱（扫描封底二维码可见彩图）

IV 族元素可以与相应的 III－V 族元素合金化，其中许多材料具有直接带隙，这对于串联太阳能电池的设计是有利的。采用同步射频溅射和射频放电分解技术合成了 $GaAs_{0.45}Si_{0.55}$，发现其吸收边为 1.28 eV[16]。2011 年，Watkins 等人引入了一种合成策略——气体源分子束外延（GSMBE），成功获得 $AlPSi_3$ 半导体，并通过第一原理模拟证实了 $AlPSi_3$ 具有 *Cc* 对称性的金刚石结构[17]。随后，采用像差校正的环形暗场成像和原子柱元素映射表征了 *Cc*-$AlPSi_3$ 的成键结构和元素分布，并分析了 Al-P 和 Si 组分的排列和化学环境[18]。后来，*Cc*-$GaPSi_3$ 也以同样的方式进行了研究，并进行了衍射研究和光学表征，以证明其具有类似于 Si 的金刚石立方晶格的单相单晶结构[19]。目前，这种方法已被用于生长新型化合物，如 $Al(As_{1-x}P_x)Si_3$[20]，$(InP)_yGe_{5-2y}$[21]和 $(Al_{1-x}B_x)PSi_3$[22]。通过对 Cc-$AlPSi_3$ 结构的电子和光学性质方面的研究表明其在低能区的吸收比 Si 的吸收光谱高得多。然而，它是一个间接带隙半导体（1.41 eV）[23]。

本课题组对 $AlPSi_3$ 和 $GaPSi_3$ 体系进行了理论研究。首先使用 CALYPSO 软件在常压下对 $AlPSi_3$ 化合物的结构进行了 2～4 倍分子式的晶体结构预测[24]，并发现了两个新的单斜结构，空间群都是 Pm，分别命名为 Pm-a 和 Pm-b $AlPSi_3$。随后，用 Ga 原子替换了 $AlPSi_3$ 化合物中的 Al 原子，获得了 Pm-a 和 Pm-b $GaPSi_3$ 化合物的结构，如图 5.15 所示。每个结构包含 10 个原子，并沿 b 轴形成隧道状孔洞。为了表征成键性质，我们计算了电子局域函数。我们确认 Pm-a 和 Pm-b 结构中有四种共价键，即 Al/Ga-P、Al/Ga-P、P-Si 和 Si-Si 键，类似于 Cc 结构。

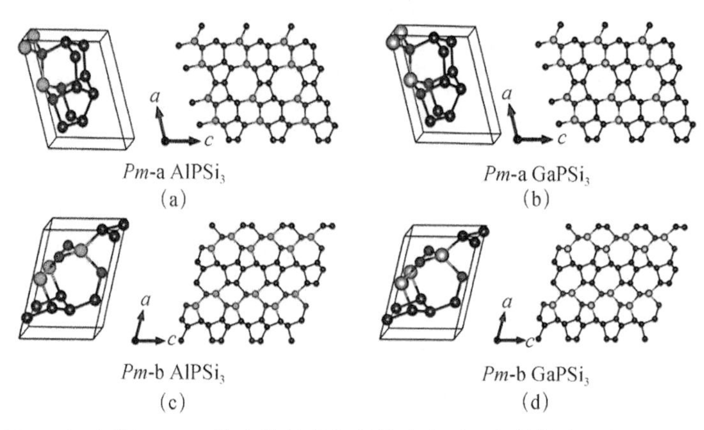

图 5.15　$AlPSi_3$ 和 $GaPSi_3$ 化合物的晶体结构和超胞（扫描封底二维码可见彩图）
浅蓝色为 Al 原子，绿色为 Ga 原子，粉色为 P 原子，蓝色为 Si 原子

在计算焓值的过程中，考虑了两种合成路径，其生成焓 ΔH 的计算公式如下：

$\Delta H=[H(AlPSi_3/GaPSi_3)-H(AlP/GaP)-3H(Si)]/5$（路径 1）

$\Delta H=[H(AlPSi_3/GaPSi_3)+9/2H(H_2)-H(PSi_3H_9)-H(Al/Ga)]/5$（路径 2）

各结构化合物在 0 K 下的生成焓如图 5.16（a）和（b）所示。对于 $AlPSi_3$ 化合物，Pm-a 和 Pm-b 相的生成焓分别比 Cc 结构的生成焓低 0.065 和 0.062 eV/原子。对于 $GaPSi_3$ 化合物，Pm-a 相的生成焓比 Cc 结构的生成焓低 0.019 eV/原子，Pm-b 相的生成焓与 Cc 结构的生成焓相当，仅比 Cc 结构的生成焓高 0.002 eV/原子。由于 Cc 结构是在高温（750～830 K）下合成的，我们模拟了对于不同温度下 $AlPSi_3$

和 $GaPSi_3$ 的生成焓，如图 5.16（c）和（d）所示。结果表明，在合成温度范围内，所有新结构在能量上都比实验制备的 $AlPSi_3$ 和 $GaPSi_3$ 的 *Cc* 结构更有利，可以通过实验合成 $AlPSi_3$ 和 $GaPSi_3$ 的 *Pm*-a 和 *Pm*-b 结构。

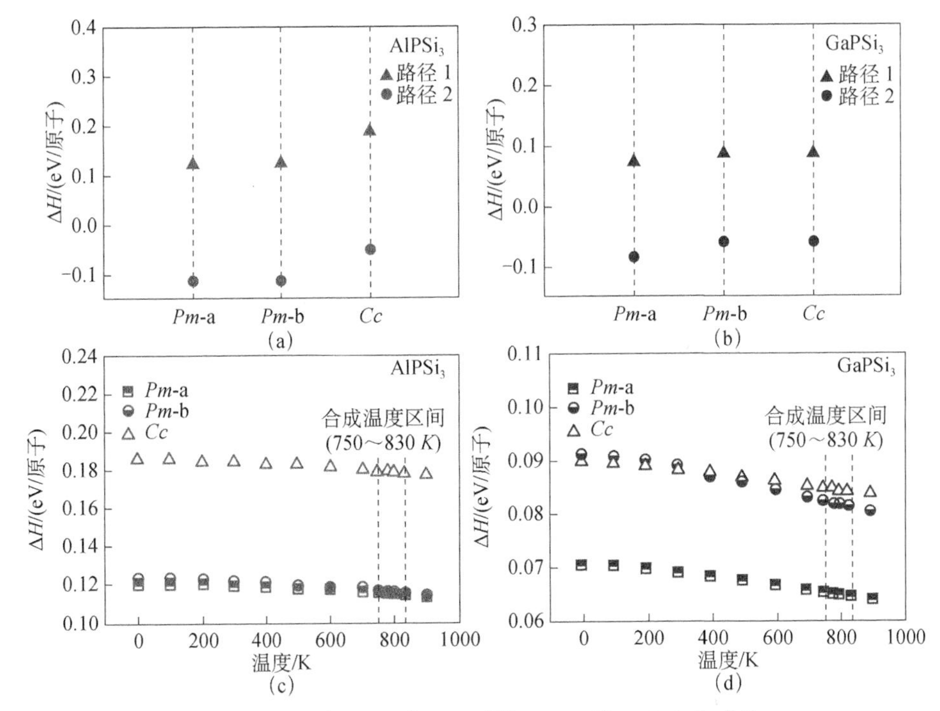

图 5.16　（a）和（b）在 0 K 时的 $AlPSi_3$ 和 $GaPSi_3$ 生成焓；
（c）和（d）$AlPSi_3$ 和 $GaPSi_3$ 的生成焓随温度的变化（扫描封底二维码可见彩图）
（在路径 1 中，AlP/GaP 化合物采用 *F*-43*m* 相，单质 Si 采用 *Fd*-3*m* 相。
在路径 2 中，PSi_3H_9 采用的是 *P*21/*c* 相，Ga 元素采用的 *Cmca* 相，Al 元素采用的 *Fm*-3*m* 相）

我们通过声子谱检验了这些结构的动力学稳定性，如图 5.17 所示，整个布里渊区声子谱没有虚频，表明这些结构动力稳定性。已知 $AlPSi_3$ 和 $GaPSi_3$ 的 Cc 结构分别在 475～550℃和 525～540℃的窄范围内获得，因此有必要确认 $AlPSi_3$ 和 $GaPSi_3$ 的 *Pm*-a 和 *Pm*-b 结构的热稳定性，以适用于各种温度下的太阳能电池应用。为了探索这一方面，我们建立了一个 1×3×2 的超胞，并在 300、500、800 和 1000 K 进行了第一性原理分子动力学 NVT 模拟。图 5.18 显示了自由能随模拟时间的变化。在 10ps 之后，我们发现 *Pm*-a 和 *Pm*-b 的晶体结构没有被破坏。这表明，$AlPSi_3$ 和 $GaPSi_3$ 的 *Pm*-a 和 *Pm*-b 结构在 1000 K 以下是热稳定的。

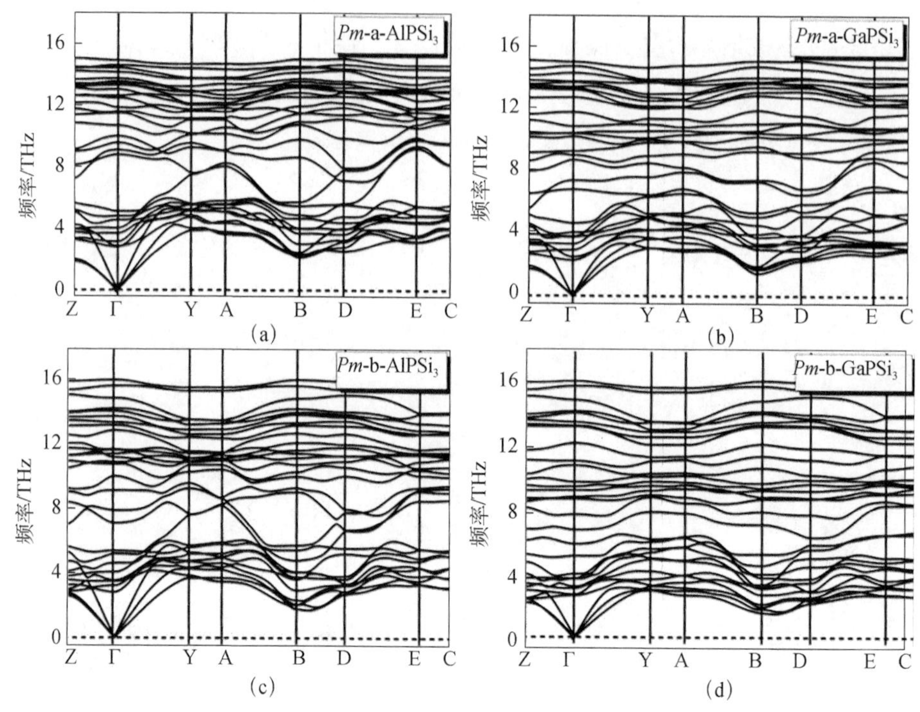

图 5.17　常压下 *Pm*-a 和 *Pm*-b 结构的 $AlPSi_3$ 和 $GaPSi_3$ 化合物的声子谱

为了探索其在太阳能电池领域的潜在应用，首先在 DFT 框架内结合 HSE06 泛函计算了光吸收谱，如图 5.19 所示。预测的化合物在 1.7～3.2 eV 的可见光范围内，表现出比 dia-Si 强的吸收，表明 $AlPSi_3$ 和 $GaPSi_3$ 的 *Pm*-a 和 *Pm*-b 相具有在太阳能电池中应用的潜力。

带隙是影响光伏材料转换效率的重要参数。根据 Shockley-Queisser 极限，当带隙位于 1.1～1.8 eV 区间时，材料的转换效率为 26.86%～33.16%[25]。因此，利用 PBE 泛函和 HSE06 泛函进一步研究了预测结构的电子能带结构。如图 5.20 所示，*Pm*-a $AlPSi_3$、*Pm*-b $AlPSi_3$ 和 *Pm*-b $GaPSi_3$ 具有直接带隙，*Pm*-a $GaPSi_3$ 显示出具有准直接带隙，直接带隙和基本带隙的能量差仅为 0.015 eV。表 5.1 列出了 *Cc* 结构和预测结构的带隙宽度。*Pm*-a 结构的 $AlPSi_3$ 和 $GaPSi_3$ 的带隙宽度分别为 1.75 和 1.71 eV，而 *Pm*-b 结构的 $AlPSi_3$ 和 $GaPSi_3$ 的带隙较小，分别为 1.11 eV 和 1.13 eV，数值都在 Shockley-Queisser 最佳值范围内。

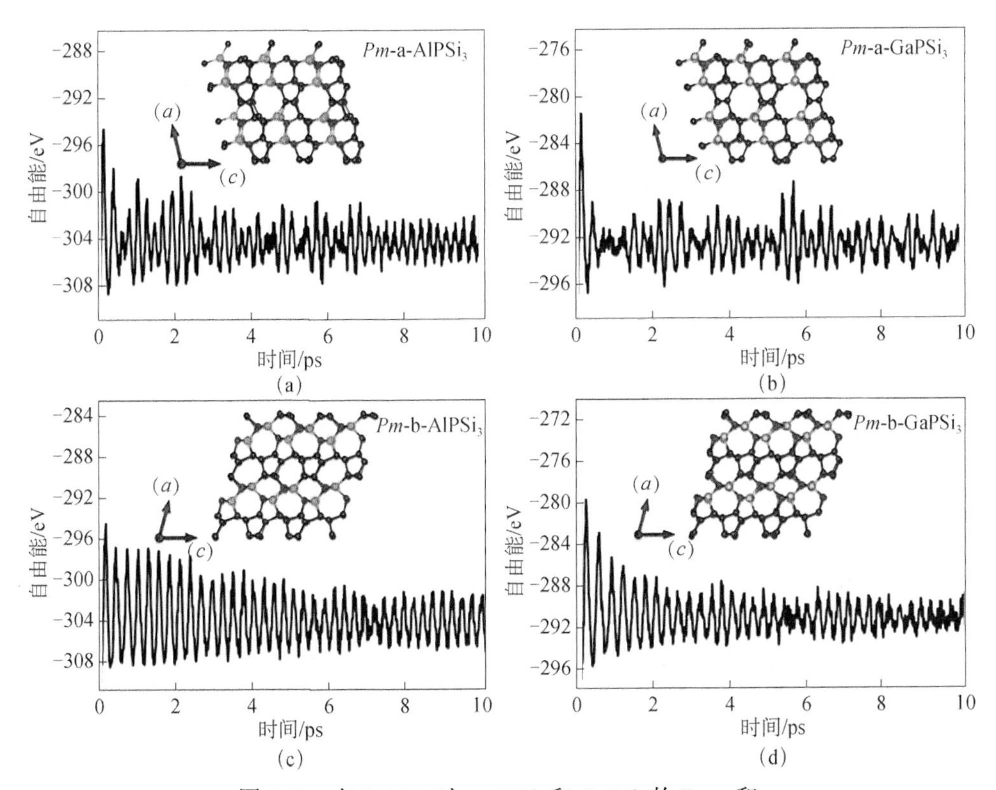

图 5.18　在 1000 K 时，$AlPSi_3$ 和 $GaPSi_3$ 的 *Pm*-a 和 *Pm*-b 结构超胞的自由能波动随分子动力学模拟步长的函数（扫描封底二维码可见彩图）

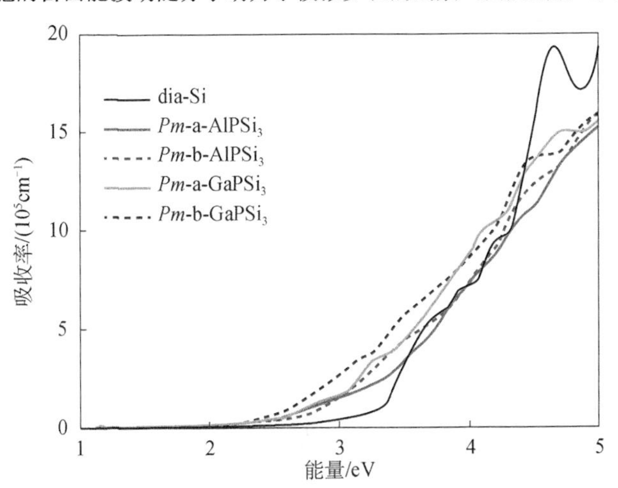

图 5.19　预测结构的光学吸收光谱（扫描封底二维码可见彩图）

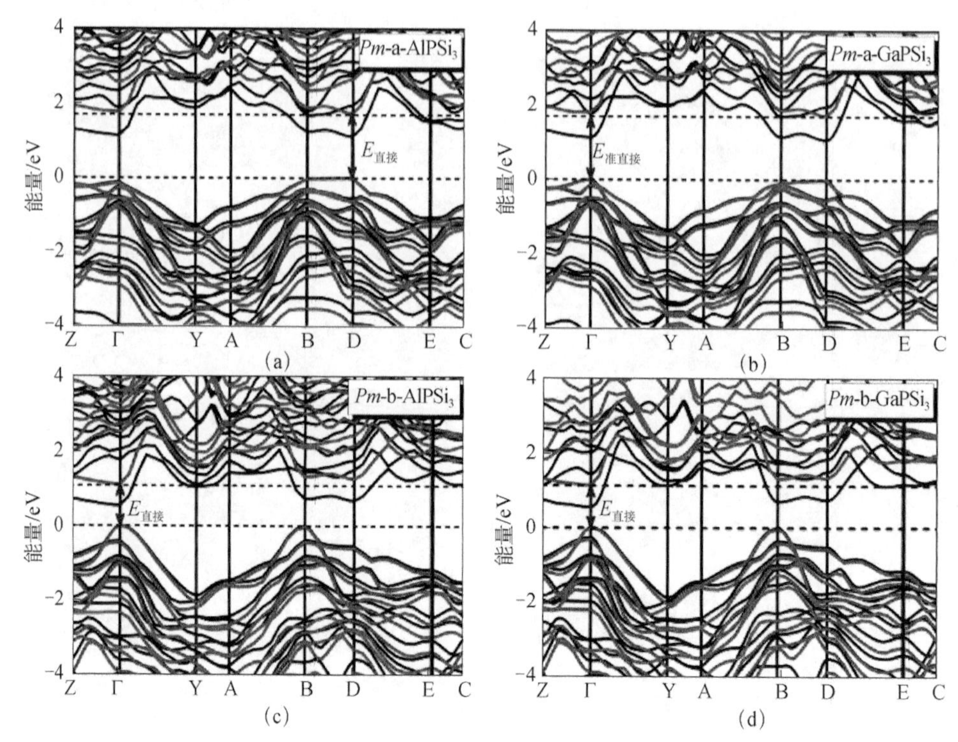

图 5.20 *Pm*-a 和 *Pm*-b 结构的 $AlPSi_3$ 和 $GaPSi_3$ 的电子结构（扫描封底二维码可见彩图）

PBE（黑线）泛函和 HSE06 泛函（红线）

表 5.1 预测结构和 *Cc* 相的能带隙*和生成焓的差异 ΔE**

	对称群	ΔE/（eV/原子）	带隙/eV		类型
			PBE	HSE	
$AlPSi_3$	*Cc*	0	0.80	1.41	ID
	Pm-a	−0.065	1.12	1.75	D
	Pm-b	−0.062	0.54	1.11	D
$GaPSi_3$	*Cc*	0	0.84	1.44	ID
	Pm-a	−0.019	1.07	1.71	QD
	Pm-b	0.002	0.55	1.13	D

*ID，QD 和 D 分别代表间接带隙，准直接带隙和直接带隙

** $\Delta E=\Delta H$（*Pm*-a/*Pm*-b）$-\Delta H$（*Cc*）。

综上所述，对于双结串联太阳能电池，顶部电池带隙为 1.5～2.0 eV 的吸收体和底部电池带隙为 1.0～1.5 eV 的吸收体可以分别捕获高能光和低能光。带隙约 1.1 eV 的晶体硅（c-Si）和性能最好的铜铟硒化镓（CIGS）太阳能电池可以与 1.6～1.75 eV 范围内的钙钛矿匹配，能产生约 44%的极限效率[26]。最近，钙钛矿/c-Si 串列在双端（2T）和四端（4T）配置中分别实现了 23.6%（带隙 1.63 eV）[27]和 26.4%（带隙 1.73 eV）[28]的效率，这非常接近单结 c-Si 的当前效率记录 26.6%[29]。因此，通过将预测的化合物串联堆叠，可以获得高效率的串联太阳能电池，其中带隙约 1.7 eV 的 *Pm*-a 相可以作为顶部电池，带隙约 1.1 eV 的 *Pm*-b 相可以作为底部电池。由 *Pm*-a 和 *Pm*-b 结构组成的 2T 和 4T 串联太阳能电池的示意图如图 5.21 所示，这种设计在实验上可以通过制备 *Cc* 结构的 GSMBE 方法实现。

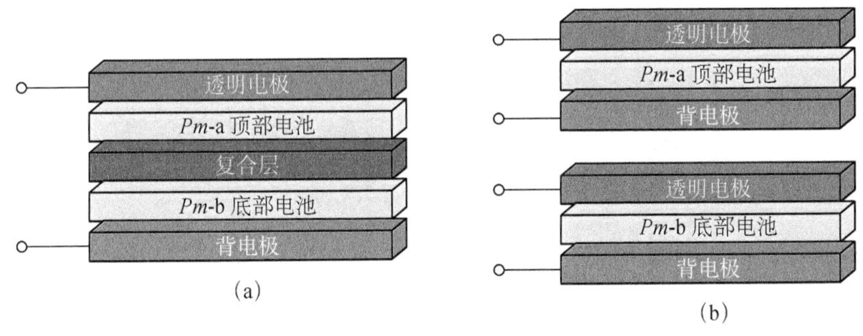

图 5.21 $AlPSi_3$ 和 $GaPSi_3$ 2T-和 4T-结构串联太阳能电池示意图

(a) 双端串联，(b) 四端串联（扫描封底二维码可见彩图）

4. Si-H 化合物

迄今为止，合成的大多数太阳能电池都是基于三维金刚石硅体材料，不是光电应用的理想材料，因为硅是一种间接带隙（1.1 eV）半导体，直接带隙（3.4 eV）和间接带隙之间存在较大的能量差。单层硅具有蜂窝状结构，在狄拉克点附近的能带结构具有线性色散，它是一种拓扑绝缘体（TI），带隙为 1.55 meV[30]，不适合应用于光电领域。同时，单层硅烯本身不稳定，它必须生长在金属基底上，不能从基底上剥离，衬底改变了硅烯的电子性质。因此，人们非常希望发现新的、独立的、稳定的、具有优异光电性能的硅基层状材料。

向红军教授课题组[31]利用改进的 CALYPSO 结构搜索方法系统的研究了氢化硅层状结构，发现了两种稳定相 Si_8H_2-*Pm*11 和 Si_6H_2-*Pmm*2，晶体结构如图 5.22 所示。在厚度小于 6.1 Å 时，Si_6H_2-*Pmm*2 结构的能量最低。在 Si_6H_2-*Pmm*2 中，有四种不同的硅原子。每个硅原子都是 4 配位的，这表明这种结构非常稳定。对于 I 型、II 型和 IV 型硅原子，所有四个最近邻都是硅原子。III 型硅原子与一个氢原子形成共价键。计算的 HSE06 能带结构表明 Si_6H_2-*Pmm*2 具有准直带隙。Γ 处的直接带隙和间接带隙分别为 1.59 eV 和 1.52 eV，接近太阳能吸收体应用的最佳值（约 1.5 eV）。良好的光吸收和最佳的直接带隙表明 Si_6H_2-*Pmm*2 是一种良好的纳米级太阳能电池吸收层材料。

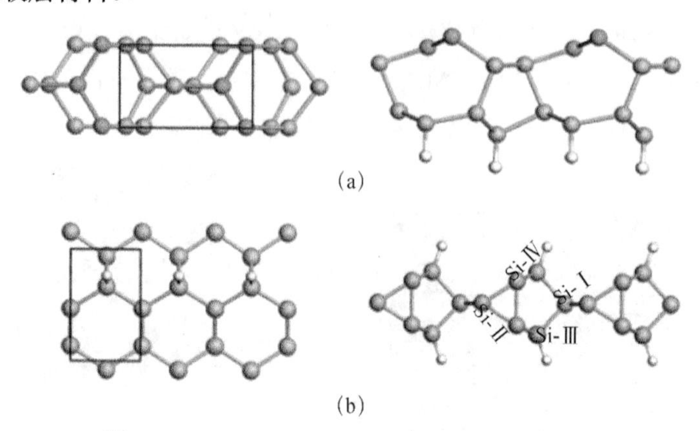

图 5.22　(a) Si_8H_2-*Pm*11 的俯视图和侧视图，
(b) Si_6H_2-*Pmm*2 的俯视图和侧视图（扫描封底二维码可见彩图）
（此图来源于文献[32]）

5.2　二维薄膜吸收层

2004 年，英国科学家 Novoselov 和 Geim 等人首次通过机械剥离的方法得到了单层石墨，称之为“石墨烯”，这一发现引起了科学界极大关注[32]。石墨烯特殊的结构使其蕴含了丰富而奇特的物理性质，如高的透明度、热导、电导、杨氏模量和比表面积，在透明电极、可穿戴设备、自旋电子器件、金属离子电池及催化等领域有着广泛的应用。尽管石墨烯具有优异的电学性质，但由于它是零带隙的半导体材料，其电子结构限制了它在光伏器件中的应用。因此，人们除了希望通过外界调控（如施加应变、掺杂、引入缺陷、维度效应）打开带隙之外，还致力于寻找结构稳定性好、能够应用于光伏领域的二维材料。

1. 二维 BC_xN 化合物

众所周知，石墨烯是一个零带隙的半金属材料，而二维 h-BN 却是一个带隙宽度达到～6 eV 的绝缘体。因此，混合后的二维 B-C-N 化合物的带隙宽度将小于 h-BN 的带隙。实验上通过石墨烯和氮化硼合成了层状 h-BNC 材料[33-35]，在光电领域中有潜在的应用价值。

我们利用 CALYPSO 对四种不同化学计量比的二维 $B_{x/2}N_{x/2}C_{1-x}$（x=2/3、1/2、

2/5 和 1/3）进行了研究，发现了 BNC、BNC_2、BNC_3 和 BNC_4 四种晶体结构[36]，如图 5.23 所示。可以看到：晶格结构都是平面蜂巢结构。图 5.23（a）表示的是最稳定的 BNC 结构，原子分布可看成 1 维扶手型 C 链嵌入单层六角 BN 结构中。这种原子排布形式揭示了石墨烯和六角 BN（h-BN）两相分离。在 BNC 中 C-C 键键长为 1.41 和 1.43 Å，键长与石墨烯中的键长相近（1.42 Å）；B-N 键键长为 1.44，1.45 和 1.46 Å，键长与 h-BN 中的键长相近（1.45 Å）。C-C 和 B-N 键键长与石墨烯和 h-BN 中键长的相似性更进一步地证明了此结构趋于两相分离。

计算的声子谱表明，这四种结构的动力学稳定。由密度泛函理论计算的形成能都是正的，说明石墨烯和 h-BN 混合后的结构都趋于分解。然而，尽管热动力学是亚稳的，通过高温分子动力学计算可以发现有些相仍然是动力学稳定的。通过分子动力学检验了 BNC，BNC_2，BNC_3 和 BNC_4 这四个结构的热稳定性。我们分别建立了 2×3×1，5×2×1，5×1×1 和 2×3×1 的超胞，对于每个结构，都分别考虑了 300 K，1000 K，1500 K 和 3000 K 温度下的情况。每个模拟都设定 1000 个时间步，每步为 1fs。计算结果显示：BNC_4 的热稳定可以达到 1000 K，而 BNC，BNC_2，BNC_3 的热稳定性能达到 2000 K。

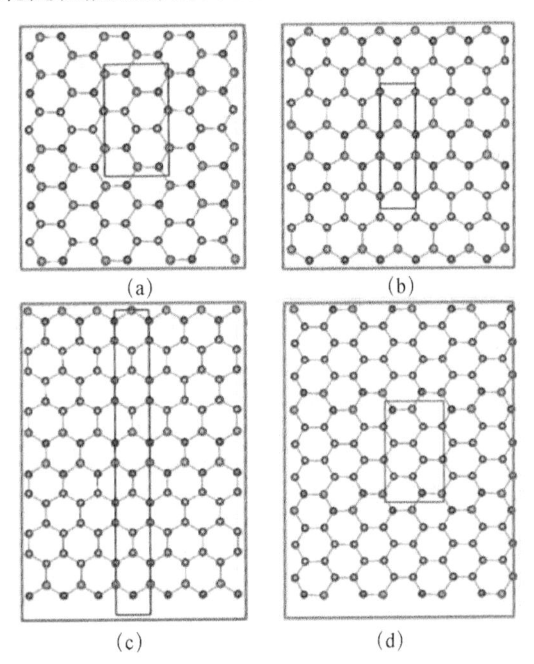

图 5.23 预测的亚稳态（BN）$_{x/2}C_{1-x}$ 结构（a）BNC，（b）BNC_2，（c）BNC_3，（d）BNC_4（扫描封底二维码可见彩图）

（橙色、灰色和蓝色的小球分别表示 B、C 和 N 原子）

如图 5.24 所示，利用 PBE 泛函计算的 BNC 带隙为 1.05 eV，使用 HSE 泛函，计算出 BNC 的带隙为 1.56 eV，BNC_2 的带隙为 1.6 eV（1.06 eV，PBE），BNC_3 的带隙分 1.04 eV（0.67 eV，PBE），BNC_4 的带隙为 0.86 eV（0.49 eV，PBE）。每个能带结构的价带顶（VBM）和导带底（CBM）都位于布里渊区中心相同的 K 点，表明它们具有直接带隙。$B_{x/2}N_{x/2}C_{1-x}$（x=2/3、1/2 和 2/5）的带隙范围为 1.04～1.6 eV，接近可见光谱范围。研究发现，所有预测的 $B_{x/2}N_{x/2}C_{1-x}$ 单层膜都具有直接带隙，并且可以通过调节碳或氮化硼的浓度调整其带隙达到理想值，从而提高对可见光的吸收效率。

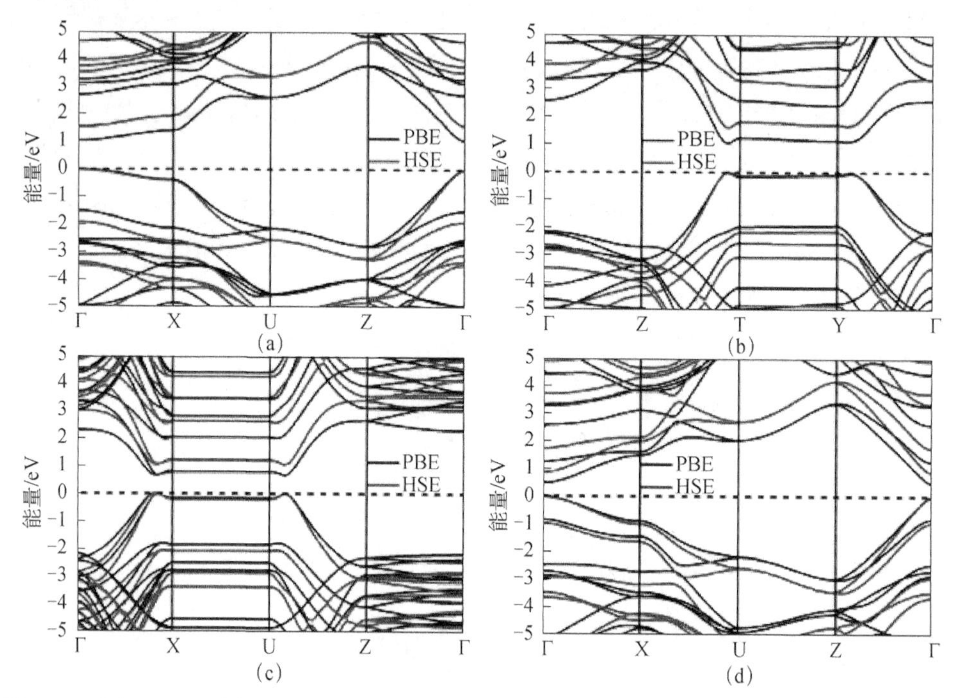

图 5.24 （a）BNC，（b）BNC_2，（c）BNC_3 和（d）BNC_4 结构的能带（扫描封底二维码可见彩图）
（黑色和红色线分别是 PBE 交换关联函数和 HSE 杂化密度泛函）

太阳能电池可以直接将光能转变成电能，太阳光的能量吸收范围从～1.13 eV 到～4.13 eV。理想的光电材料应该具有直接带隙，并且带隙宽度应该与可见光区的能量范围相对应。我们预测的所有的 $B_{x/2}N_{x/2}C_{1-x}$ 单层结构都是直接带隙，并且带隙宽度可以根据 BN 和 C 的比例进行调节。这一属性说明我们预测的这些结构很适合做太阳能电池材料。为了评估它们的光吸收率，我们根据 HSE 泛函计算了吸收光谱（介电函数的虚部 ε），如图 5.25 所示。参照大气质量（AM）1.5 太阳光谱辐射，太阳光辐射的最大密度位于可见光区内。可以看到：单层 BNC 和 BNC_2 的光吸收谱位于可见光区，它们的最大峰值位于黄光区内（分别为～2.26 eV 和～2.25 eV）。BNC_3 的最大吸收峰（～1.58 eV）位于红光区内，BNC_4（～1.49 eV）位于红外线区域。计算结果揭示了我们预测的这四种二维 $B_{x/2}N_{x/2}C_{1-x}$（x=2/3，1/2，2/5，1/3）结构有望成为纳米尺度下的太阳能电池吸收材料。

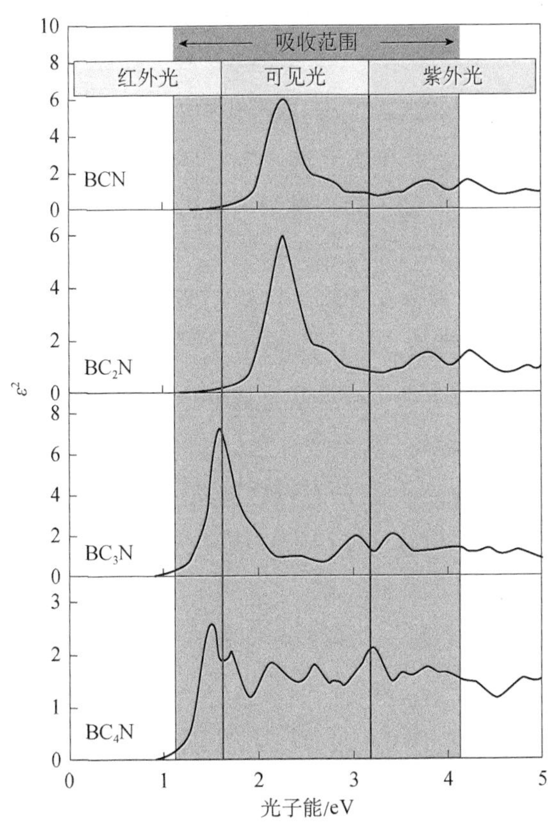

图 5.25　$B_{x/2}N_{x/2}C_{1-x}$ 结构的光学性质（扫描封底二维码可见彩图）

（图中的红色和蓝色竖线分别代表可见光谱中红光和紫光的边界）

2. MSn_2O_3 化合物

金属氧化物是一类具有光电转换效应的半导体，具有稳定性好、含量丰富、廉价等优点。根据带隙值的不同，氧化物具有各种不同的应用，例如蓝光或者紫外光发光器、光催化剂、透明导体、光伏材料等。然而，P 型半导体低电导率特性限制了光电器件的进一步发展[37]，P 型氧化物半导体低电导率的重要原因是价带顶的 O-2p 轨道电子局域性很强，导致了掺杂时极难形成浅的受主能级和高的掺杂浓度。利用 O-2*p* 轨道与其他轨道之间的杂化/耦合作用来提高价带顶的能级位置和曲率可以克服这种困难。除了 *p*-*d* 轨道之间的耦合设计，还可以利用 *s*-*p* 轨道之间的耦合作用，例如利用较重金属元素（Tl、Sn、Pb、Bi 等）低价态时的 *s* 轨道与 O-2*p* 轨道之间的耦合作用。

由于 *d* 轨道通常比 *s* 轨道的局域性更强，因此利用 *s*-*p* 轨道耦合的方法往往能够使价带顶的曲率更大，并且更容易得到 P 型导电特性半导体。同时，由于这些重金属元素的 d^{10} 和 s^2 轨道是填满的，因此由这种设计原理得到的价带顶是反键态，从而更有利于缺陷或者杂能级的形成。缺陷态的形成意味着原体系中的成键被破坏，能级较高的反键态使缺陷或者杂质更容易形成浅的受主能级，而不是靠近带隙中间的深杂质能级，这促进了 P 型掺杂的形成，和其他类型半导体（本征半导体和 N 型半导体）相结合就可以获得太阳能电池材料。

SnO 是一种地球含量丰富、无毒的材料，具有 P 型导电特性，电导率达到了 300S/cm[38]，在价带顶有较强的 *s*-*p* 耦合作用，是一种潜在的 TCO 光伏材料。然而，SnO 的直接带隙为 2.7 eV，为了减小其直接带隙使其适用于光伏电池，人们开展了大量关于 Sn 氧化物的晶体结构预测研究。

为了设计具有价带 *s*-*p* 杂化的新型氧化物，获得具有良好电导率的 P 型半导体材料，通过基于粒子群优化算法的结构预测方法和第一性原理方法对碱土金属-锡-氧三元化合物 MSn_2O_3（M=Mg，Ca，Sr，Ba）进行结构预测[39]，确定了 $SrSn_2O_3$ 和 $BaSn_2O_3$ 两种稳定的化合物，空间群分别为 *Pcca* 和 *C*2/*c*。

稳定性和电子性质研究表明，正电性很强的碱金属将最外层的价电子提供给 O 原子形成离子键，碱金属起到了提供电子和稳定结构的作用。$BaSn_2O_3$ 的带隙为 1.90 eV（直接带隙为 2.37 eV），价带曲率较大，空穴有效质量为 $0.87m_0$。相比之下，$SrSn_2O_3$ 具有 3.15 eV 的带隙值，价带较平坦，其空穴有效质量大于 $6.0m_0$。$SrSn_2O_3$ 结构中的 Sn-5p 和 O-2p 之间存在杂化，在价带顶附近有很强的局域性，导致 $SrSn_2O_3$ 具有较大的空穴有效质量以及价带顶处高的态密度。此外，研究表明，$BaSn_2O_3$ 的 *C*2 和 $Pca2_1$ 结构具有相当高的阈值（2.7 eV，刚好在可见光谱的蓝色部分之上），可以作为潜在的 P 型 TCO 材料。*Imma*-$BaSn_2O_3$ 结构在更低的阈值 1.6 eV 开始吸收可见光。

3. MoS_2 化合物

二维过渡金属二硫化合物（TMDs）由于其独特的光电子性质和层状结构的化

学稳定性，在光电子催化、自旋电子学和光电子学等领域有着广泛的应用。特别是高吸收系数的 MoS_2 为开发便携式、柔性、可穿戴的二维太阳能电池材料提供了新的机遇[40,41]。单分子层 MoS_2 具有 3 种实验上已知的晶体结构，即 1H、1T 和 1T'[42]。然而，单层 1H-MoS_2 在可见波长范围内只能吸收 5%～10%的入射太阳光。研究发现，300nm 的 MoS_2 可以具有高达 95%的光吸收率[43]，尽管如此，MoS_2 薄膜的一个缺点是其具有间接带隙，电子跃迁需要声子辅助。因此，探索直接带隙在 1～1.5 eV 的 MoS_2 单分子层新相是十分有意义的。

通过晶体结构预测方法对单层 MoS_2 进行结构搜索，两个未知的 *P*31*m*-MoS_2 和 *P*2/*c*-MoS_2 被成功预测，同时也重现了 MoS_2 已知的 1H、1T、1T'和 1T''相[44]。研究发现晶体结构的细微变化将导致几何结构和电子结构发生改变，使 MoS_2 由金属性的 1T 相转变为 *P*31*m*-MoS_2 半导体。利用 HSE06 泛函计算 *P*31*m*-MoS_2 的能带结构表明它是直接带隙半导体，带隙大小为 1.27 eV。

*P*31*m*-MoS_2 的电子性质几乎与层数无关，直接带隙在多层膜中依然存在，同时可以通过控制层数对带隙值进行微调。*P*31*m*-MoS_2 薄膜厚度为 0.3mm 时，光伏效率达到约 33.3%，接近 Shockley-Queisser 极限，而对于 GaAs 吸收层，只有当厚度约为 200nm 时，才能实现～30.0%的高效率[45]。

4. Sn-S 化合物

二元锡-硫（Sn-S）化合物是一种无毒性、地球储量丰富的半导体材料，是潜在的光伏材料之一，其中 SnS 和 SnS_2 是 Sn_xS_y 金属-硫体系中研究较多的两种化合物。在常压条件下，*Pnma*-SnS 是已知的最稳定结构，带隙约为 1 eV，接近最佳光子吸收阈值[46]。在较高的温度或压力下，SnS 至少有四种已知的结构，包括正交相（*Cmcm*）和立方相（锌矿、岩盐、π 立方）结构。SnS_2 是层状的二维（2D）半导体，带隙约为 2 eV[47]。在 Sn_2S_3 化合物中，不同的 Sn 位点上具有+2 和+4 的氧化态，电子结构计算其带隙约为 0.9 eV，强吸收可能发生在～2 eV[48]。此外，应用 CALYPSO 软件预测出 Sn_3S_4 的两个晶体结构[49]，分别为 B-Sn_3S_4 和 B'-Sn_3S_4。其中，B'-Sn_3S_4 具有准直接带隙，带隙宽度为 1.43 eV，适合应用于光伏材料。

5. PC_6 化合物

由于 P-C 体系化合物中 sp^2 和 sp^3 键之间的竞争，能够形成许多不同的 P_xC_y 单层膜结构[50]，不同的 P-C 构型以及化合物中强的 P-C 键使它们可能成为具有金属、半金属或直接/间接带隙半导体特性的二维 P_xC_y 材料。

利用 CALYPSO 晶体结构预测方法对富碳二维 PC_x（x=1～6）体系进行结构搜索[51]，一种稳定的具有直接带隙的 P-3-PC_6 单层结构被提出，如图 5.26 所示。结合 Bethe-Salpeter 方程（BSE）和 GW 近似计算的光吸收系数表明 PC_6 单层结构在波长为 300～2000nm 范围内的吸光系数显著高于 MoS_2，当吸收波长大于 500nm 时，P-3-PC_6 的吸收系数大于商用本征 Si 的吸收系数。此外，P-3-PC_6 在长波波段（>1000nm）的光吸收率最高，其大的吸收范围和较高的光吸收系数使 P-3-PC_6 单层结构成为具有潜在应用价值的光伏太阳能电池和光电子器件材料。

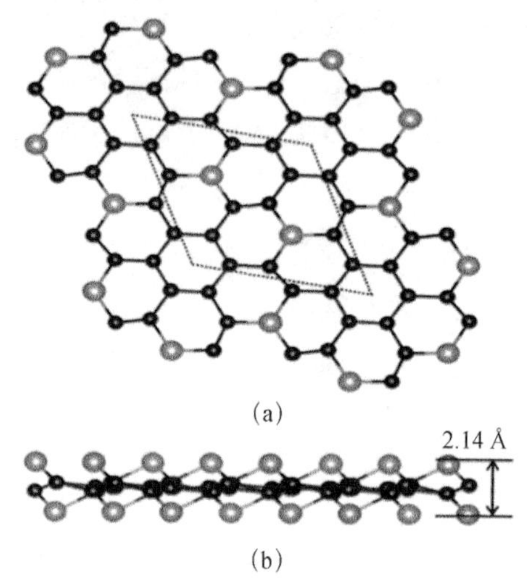

图 5.26 （a）P-3-PC_6 单层膜的俯视图，（b）P-3-PC_6 单层膜的侧视图（扫描封底二维码可见彩图）（此图来源于文献[51]）

5.3 其他光伏材料

1. Bi_2OSe_2 化合物

近年来，作为热电和光电材料，铋氧硫体系半导体 Bi_2O_2X 和 Bi_2OX_2（X=S、Se 和 Te）引起了广泛关注。Bi_2O_2X 的基态结构为二维 $I4/mmm$ 结构，由共价键合的氧化物层$[Bi_2O_2]^{2+}$和平面 X^{2-}层通过层间静电相互作用堆叠组成[52]。

由于其超高的载流子迁移率，适当的带隙及良好的稳定性，半导体 Bi_2O_2Se 被认为是应用于高速、低功率电子器件的潜在材料[53-57]。水热法合成的 Bi_2O_2S 的直接带隙为 1.12 eV，载流子迁移率高[58]，同时研究表明多层 Bi_2O_2Se 在高达 3%的径向应变范围内具有良好的柔韧性和弹性[59]，因此可用于光催化剂或柔性光电设备。实验还合成了 Bi_2O_2Te，其结构与 Bi_2O_2Se 和 Bi_2O_2S 相同，室温下具有 0.23 eV 的带隙和较低的热导率[60]，是一种潜在的 N 型热电材料。然而，对于 Bi_2OX_2 体系，实验只合成了具有 *P4/nmm* 对称性的 Bi_2OS_2 化合物，层间通过范德瓦尔斯相互作用堆叠，$[Bi_2O_2]^{2+}$层处于两层$[BiS_2]$之间，具有直接带隙（约 0.59～0.97 eV）、超高电子迁移率（$2.6\times10^4 cm^2s^{-1}V^{-1}$）、具有可调谐的电子和光学特性以及高稳定性。

利用 CALYPSO 晶体结构预测方法对 Bi_2OSe_2 体系进行了结构搜索，提出了三种新型的 Bi_2OSe_2 结构 [61]，空间群分别 $P2_1/m$，*P4/nmm* 和 $P2_1/m'$，晶体结构如图 5.27 所示。*P4/nmm*-Bi_2OSe_2 的直接带隙为 0.67 eV，$P2_1/m$-Bi_2OSe_2 和 $P2_1/m'$-Bi_2OSe_2 的间接带隙分别为 0.95 eV 和 1.19 eV，直接带隙分别为 0.96 eV 和 1.49 eV。态密度计算结果表明，Bi-*p* 轨道与 O-*p* 和 Se-*p* 轨道之间存在较强的杂化，可以削弱短程库仑排斥作用，允许最近邻的 Bi 离子和 Se 离子之间的电荷转移，有利于载流子传输。众所周知，电子和空穴的有效质量与载流子迁移率密切相关，预测的 Bi_2OSe_2 体系具有低的电子（m^*_e）和空穴（m^*_h）有效质量（$m^*_e<0.46m_0$，$m^*_h<0.65m_0$），意味着它们具有高载流子迁移率，因此在光电子器件中具有潜在的应用价值。

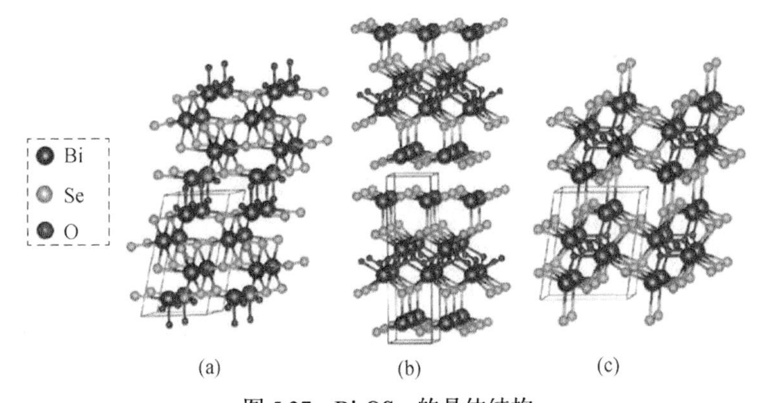

图 5.27　Bi_2OSe_2 的晶体结构

（a）$P2_1/m$，（b）*P4/nmm*-Bi_2OSe_2，（c）$P2_1/m'$-Bi_2OSe_2（扫描封底二维码可见彩图）

（紫色、绿色和红色球体分别表示 Bi、Se 和 O 原子）

2. $ZnO_{1-x}S_x$ 化合物

ZnO 具有 3.3 eV 的宽直接带隙和 60 meV 的激子结合能，在光电子器件、催化剂、传感器、激光和生物成像等方面具有潜在的应用前景。然而，ZnO 是天然的N型半导体，难以获得P型半导体。杂质和缺陷对半导体的性能起着决定性的作用，掺杂是调整半导体材料电子结构的一种有效方法，因此在ZnO中掺杂阴离子或阳离子可以改变ZnO的能带结构，达到调控ZnO电学性质的目的[62,63]。

高压可以诱发晶体的结构相变，在寻找新材料方面起着重要作用，开展高压下的材料研究工作是人们理解材料结构、性质和相变规律的有效途径。因此，确定压力是否能够有效促进P型ZnO半导体的合成，以及探索掺杂ZnO体系在极端压力下的性能研究具有重要意义。

使用USPEX晶体结构预测方法在0～200 GPa压力范围对ZnOS合金的结构进行了探索，发现了一种稳定的高压相$P2_1/m$-$Zn_8O_2S_6$结构[64]。生成焓的计算结果表明，压力是促进稳定ZnOS合金生成的有效方法。$P2_1/m$-$Zn_8O_2S_6$是一种间接带隙半导体，带隙随压力先增大后减小，随着压力进一步增加，$P2_1/m$ $Zn_8O_2S_6$将变为金属。在100 GPa压力下$P2_1/m$-$Zn_8O_2S_6$的带隙为～1.47 eV，是一种潜在的、高吸收效率太阳能电池材料。

3. $M_mIV_nVI_{m+n}$（M=Mg，Ca，Sr，Ba；IV=Sn和Pb；VI=S和Se）化合物

通过CALYPSO结构预测方法对$M_mIV_nVI_{m+n}$体系进行了结构搜索，六种稳定的碱土金属Sn（II）或Pb（II）三元硫系化合物$M_mIV_nVI_{m+n}$（M=Mg，Ca，Sr，Ba；IV=Sn和Pb；VI=S和Se）的晶体结构被提出[65]。与Zintl相类似，碱土金属离子为IV-VI骨架提供电子，起到稳定晶体结构的作用。六种化合物都表现出直接或准直接带隙半导体特性，$P2_1/c$-$SrSnS_2$、$P4_32_12$-$SrSnSe_2$、$Pca2_1$-$SrSnSe_2$、$P4/mmm$-$SrPbSe_2$、$P2_1$-$BaSnSe_2$和$Pca2_1$-$BaPbS_2$的直接带隙分别为1.47 eV、0.93 eV、0.83 eV、0.80 eV、1.65 eV和1.86 eV，相对于二元Sn（II）或Pb（II）硫系化合物，六种三元化合物的带隙相对变宽，电荷转移主要源于价带中硫系p轨道电子向Sn或Pb的p轨道跃迁。吸收光谱表明，六种化合物在可见光范围内具有较强的光吸收效率。特别是含Sr的四种化合物具有合适的带隙、较强的可见光吸收率、较低的载流子有效质量，有望在光伏领域发挥潜在应用价值。

参考文献

[1] Shockley W，Queisser H J. Detailed balance limit of efficiency of p-n junction solar cells[J]. Journal of Applied Physics，1961，32（3）：510-519.

[2] d'Avezac M, Luo J W, Chanier T, et al. Genetic-algorithm discovery of a direct-gap and optically allowed superstructure from indirect-gap Si and Ge semiconductors[J]. Physical Review Letters, 2012, 108 (2): 027401.

[3] Xiang H J, Huang B, Kan E, et al. Towards direct-gap silicon phases by the inverse band structure design approach[J]. Physical Review Letters, 2013, 110 (11): 118702.

[4] De Vos A. Detailed balance limit of the efficiency of tandem solar cells[J]. Journal of Physics D: Applied Physics, 1980, 13 (5): 839-846.

[5] Wang Q, Xu B, Sun J, et al. Direct band gap silicon allotropes[J]. Journal of the American Chemical Society, 2014, 136 (28): 9826-9829.

[6] Kim D Y, Stefanoski S, Kurakevych O O, et al. Synthesis of an open-framework allotrope of silicon[J]. Nature Materials, 2015, 14 (2): 169-173.

[7] Wu J, Gao H, Xia K, et al. Silicon clathrates for photovoltaics predicted by a two-step crystal structure search[J]. Applied Physics Letters, 2017, 111 (17): 173904.

[8] Li W J, Lu M C, Chen Lulu, et al. Crystal structures of $CsSi_6$ at high pressures[J]. Computational Materials Science, 2018, 150: 144-148.

[9] Cinquanta E, Fratesi G, dal Conte S, et al. Optical response and ultrafast carrier dynamics of the silicene-silver interface[J]. Physical Review B, 2015, 92 (16): 165427.

[10] Lv J, Xu M, Lin S, et al. Direct-gap semiconducting tri-layer silicene with 29% photovoltaic efficiency[J]. Nano Energy, 2018, 51: 489-495.

[11] Botti S, Flores-Livas J A, Amsler M, et al. Low-energy silicon allotropes with strong absorption in the visible for photovoltaic applications[J]. Physical Review B, 2012, 86 (12): 121204 (R).

[12] Hao C M, Li Y, Huang H M, et al. Structural diversity and electronic properties in potassium silicides[J]. The Journal of Chemical Physics, 2018, 148 (20): 204706.

[13] Du Y H, Li W J, Zurek Eva, et al. Predicted CsSi compound: A promising material for photovoltaic applications[J]. Physical Chemistry Chemical Physics, 2020, 22(20): 11578-11582.

[14] White T P, Lal N N, Catchpole K R. Tandem solar cells based on high-efficiency c-Si bottom cells: Top cell requirements for > 30% efficiency[J]. IEEE Journal of Photovoltaics, 2014, 4 (1): 208-214.

[15] Vermang B，Brammertz G，Meuris M，et al. Wide band gap kesterite absorbers for thin film solar cells：Potential and challenges for their deployment in tandem devices[J]. Sustainable Energy & Fuels，2019，3（9）：2246-2259.

[16] Noreika A J，Francombe M H. Preparation of nonequilibrium solid solutions of $(GaAs)_{1-x}Si_x$[J]. Journal of Applied Physics，1974，45（8）：3690-3691.

[17] Watkins T，Chizmeshya A V G，Jiang L，Smith D J，et al. Nanosynthesis routes to new tetrahedral crystalline solids：Silicon-like Si_3AlP[J]. Journal of the American Chemical Society，2011，133（40）：16212-16218.

[18] Jiang L，Aoki T，Smith D J，et al. Nanostructure–property control in $AlPSi_3$/Si（100）semiconductors using direct molecular assembly：Theory meets experiment at the atomic level [J]. Chemistry of Materials，2014，26（14）：4092-4101.

[19] Sims P E，Xu C，Poweleit C D，et al. Synthesis and characterization of monocrystalline $GaPSi_3$ and $(GaP)_y(Si)_{5-2y}$ phases with diamond-like structures via epitaxy-driven reactions of molecular hydrides [J]. Chemistry of Materials，2017，29（7）：3202-3210.

[20] Grzybowski G，Watkins T，Beeler R T，et al. Synthesis and Properties of Monocrystalline Al（$As_{1-x}P_x$）Si_3Alloys on Si（100）[J]. Chemistry of Materials，2012，24（12）：2347-2355.

[21] Sims P E，Chizmeshya A V G，Jiang L，et al. Rational design of monocrystalline $(InP)_yGe_{5-2y}$/Ge/Si（100）semiconductors：Synthesis and optical properties [J]. Journal of the American Chemical Society，2013，135（33）：12388-12399.

[22] Sims P，Aoki T，Favaro R，et al. Crystalline $(Al_{1-x}B_x)PSi_3$ and $(Al_{1-x}B_x)AsSi_3$ tetrahedral phases via reactions of $Al(BH_4)_3$ and $M(SiH_3)_3$（M=P，As）[J]. Chemistry of Materials，2015，27（8）：3030-3039.

[23] Yang J H，Zhai Y，Liu H，et al. Si_3AlP：A new promising material for solar cell absorber[J]. Journal of the American Chemical Society，2012，134（30）：12653-12657.

[24] Du Y H，Li Jia，Kou C L，et al. Direct band gap $AlPSi_3$ and $GaPSi_3$ for tandem solar cells[J]. Journal of Power Sources，2022，525：231104.

[25] Rühle S. Tabulated values of the Shockley–Queisser limit for single junction solar cells[J]. Solar Energy，2016，130：139-147.

[26] Leijtens T，Bush K A，Prasanna R，et al. Opportunities and challenges for tandem solar cells using metal halide perovskite semiconductors[J]. Nature Energy，2018，3（10）：828-838.

[27] Bush K A，Palmstrom A F，Yu Z J，et al. 23.6%-efficient monolithic perovskite/silicon tandem solar cells with improved stability[J]. Nature Energy，2017，2（4）：17009.

[28] Duong T，Wu Y L，Shen H，et al. Rubidium multication perovskite with optimized bandgap for perovskite-silicon tandem with over 26% efficiency[J]. Advanced Energy Materials，2017，7(14)：1700228.

[29] Yoshikawa K，Kawasaki H，Yoshida W，et al. Silicon heterojunction solar cell with interdigitated back contacts for a photoconversion efficiency over 26%[J]. Nature energy，2017，2(5)：17032.

[30] Liu C C，Feng W X，Yao Y G. Quantum spin hall effect in silicene and two-dimensional germanium[J]. Physical Review Letters，2011，107（7）：076802.

[31] Luo W，Ma Y，Gong X，et al. Prediction of silicon-based layered structures for optoelectronic applications[J]. Journal of the American Chemical Society，2014，136（45）：15992-15997.

[32] Novoselov K S，Geim A K，Morozov S V，et al. Two-dimensional gas of massless Dirac fermions in graphene[J]. Nature，2005，438（7065）：197-200.

[33] Ci L，Song L，Jin C，et al. Atomic layers of hybridized boron nitride and graphene domains[J]. Nature Materials，2010，9（5）：430-435.

[34] Gong Y，Shi G，Zhang Z，et al. Direct chemical conversion of graphene to boron-and nitrogen-and carbon-containing atomic layers[J]. Nature Communications，2014，5（1）：3193.

[35] Lu J，Zhang K，Feng Liu X，et al. Order-disorder transition in a two-dimensional boron–carbon–nitride alloy[J]. Nature Communications，2013，4（1）：2681.

[36] Zhang M，Gao G，Kutana A，et al. Two-dimensional boron–nitrogen–carbon monolayers with tunable direct band gaps[J]. Nanoscale，2015，7（28）：12023-12029.

[37] Nagarajan R，Draeseke A D，Sleight A W，et al. P-type conductivity in $CuCr_{1-x}Mg_xO_2$ films and powders[J]. Journal of Applied Physics，2001，89（12）：8022-8025.

[38] Behrendt A，Friedenberger C，Gahlmann T，et al. Highly robust transparent and conductive gas diffusion barriers based on tin oxide[J]. Advanced Materials，2015，27（39）：5961-5967.

[39] Li Y，Singh D J，Du M H，et al. Design of ternary alkaline-earth metal Sn（II）oxides with potential good p-type conductivity[J]. Journal of Materials Chemistry C，2016，4（40）：4592-4599.

[40] Singh E，Kim K S，Yeom G Y，et al. Atomically thin-layered molybdenum disulfide（MoS_2）for bulk-heterojunction solar cells[J]. ACS Applied Materials & Interfaces，2017，9（4）：3223-3245.

[41] Xu Z，Lin S，Li X，et al. Monolayer MoS_2/GaAs heterostructure self-driven photodetector with extremely high detectivity[J].Nano Energy，2016，23：89-96.

[42] Rao C N R，Maitra U. Inorganic graphene analogs[J]. Annual Review of Materials Research，2015，45（1）：29-62.

[43] Britnell L，Ribeiro R M，Eckmann A，et al. Strong light-matter interactions in heterostructures of atomically thin films[J]. Science，2013，340（6138）：1311-1314.

[44] Xu M，Chen Y，Xiong F，et al. A hidden symmetry-broken phase of MoS_2 revealed as a superior photovoltaic material[J]. Journal of Materials Chemistry A，2018，6（33）：16087-16093.

[45] Green M A，Emery K，Hishikawa Y，et al. Solar cell efficiency tables（version 37）[J]. Progress in Photovoltaics：Research and Applications，2011，19：84-92.

[46] Kumagai Y，Burton L A，Walsh A，et al. Electronic structure and defect physics of tin sulfides：SnS，Sn_2S_3，and SnS_2[J]. Physical Review Applied，2016，6（1）：014009.

[47] Burton L A，Whittles T J，Hesp D，et al. Electronic and optical properties of single crystal SnS_2：an earth-abundant disulfide photocatalyst[J]. Journal of Materials Chemistry A，2016，4（4）：1312-1318.

[48] Singh D J. Optical and electronic properties of semiconducting Sn_2S_3[J]. Applied Physics Letters，2016，109（3）：032102.

[49] Wang X，Liu Z，Zhao X G，et al. Computational design of mixed-valence tin sulfides as solar absorbers[J]. ACS Applied Materials & Interfaces，2019，11（28）：24867-24875.

[50] Tan W C，Cai Y，Ng R J，et al. Few-layer black phosphorus carbide field-effect transistor via carbon doping[J]. Advanced Materials，2017，29（24）：1700503.

[51] Yu T，Zhao Z，Sun Y，et al. Two-dimensional PC_6 with direct band gap and anisotropic carrier mobility[J]. Journal of the American Chemical Society，2019，141（4）：1599-1605.

[52] Wu J，Tan C，Tan Z，et al. Controlled synthesis of high-mobility atomically thin bismuth oxyselenide crystals[J]. Nano Letters，2017，17（5）：3021-3026.

[53] Wu J，Liu Y，Tan Z，et al. Chemical patterning of high - mobility semiconducting 2D Bi_2O_2Se crystals for integrated optoelectronic devices[J]. Advanced Materials，2017，29（44）：1704060.

[54] Wu J, Yuan H, Meng M, et al. High electron mobility and quantum oscillations in non-encapsulated ultrathin semiconducting Bi_2O_2Se[J]. Nature Nanotechnology, 2017, 12 (6): 530-534.

[55] Guo D, Hu C, Xi Y, et al. Strain effects to optimize thermoelectric properties of doped Bi_2O_2Se via Tran–Blaha modified Becke–Johnson density functional theory[J]. The Journal of Physical Chemistry C, 2013, 117 (41): 21597-21602.

[56] Yin J, Tan Z, Hong H, et al. Ultrafast and highly sensitive infrared photodetectors based on two-dimensional oxyselenide crystals[J]. Nature Communications, 2018, 9 (1): 3311.

[57] Tong T, Zhang M, Chen Y, et al. Ultrahigh hall mobility and suppressed backward scattering in layered semiconductor Bi_2O_2Se[J]. Applied Physics Letters, 2018, 113 (7): 072106.

[58] Chen W, Khan U, Feng S, et al. High-fidelity transfer of 2D Bi_2O_2Se and its mechanical properties[J]. Advanced Functional Materials, 2020, 30 (43): 2004960.

[59] Ma X, Chang D, Zhao C, et al. Geometric structures and electronic properties of the Bi_2X_2Y(X, Y= O, S, Se, and Te) ternary compound family: A systematic DFT study[J]. Journal of Materials Chemistry C, 2018, 6 (48): 13241-13249.

[60] Luu S D N, Vaqueiro P. Synthesis, characterisation and thermoelectric properties of the oxytelluride Bi_2O_2Te[J]. Journal of Solid State Chemistry, 2015, 226: 219-223.

[61] Wang X, Zhao X, Wang X, et al. Discovery of new phases of bismuth oxyselenide semiconductor Bi_2OSe_2 by global structure search approach[J]. Advanced Theory and Simulations, 2021, 4(6): 2000316.

[62] Meyer B K, Polity A, Farangis B, et al. Structural properties and bandgap bowing of $ZnO_{1-x}S_x$ thin films deposited by reactive sputtering[J]. Applied Physics Letters, 2004, 85 (21): 4929-4931.

[63] Moon C Y, Wei S H, Zhu Y Z, et al. Band-gap bowing coefficients in large size-mismatched II-VI alloys: First-principles calculations[J]. Physical Review B, 2006, 74 (23): 233202.

[64] Wang Y, Tian F, Li D, et al. First principle studies of $ZnO_{1-x}S_x$ alloys under high pressure[J]. Journal of Alloys and Compounds, 2019, 788: 905-911.

[65] Li Y, Wang L, Qiao Y, et al. Prediction of ternary alkaline-earth metal Sn (II) and Pb (II) chalcogenide semiconductors[J]. Physical Review Materials, 2020, 4 (5): 055004.

第6章 在地球物理领域中的应用

理解行星的内部组成和动力学过程是地球和行星科学研究的焦点，主要是研究行星内部高温、高压等极端条件下材料的物理化学性质。通过 CALYPSO 晶体结构预测方法结合密度泛函理论，已经在地球物理和行星科学的研究中获得了很多重要的研究成果，对于了解行星系统的形成、演化以及太阳系在宇宙中的地位具有重要的意义。晶体结构预测方法不但能应用在新型功能材料的设计领域，也可用于地球物理领域中。

地幔是介于地表和地核之间的中间层，是地球内部体积最大、质量最大的一层。根据地球物理和矿物学的研究，在地球内部的下地幔很可能储存了大量的氦。2018 年，吉林大学马琰铭教授课题组对地球内部是否存在氦这个问题进行了系统的探索和分析[1]。有研究认为地幔条件下可以稳定存在含水矿物，确定在地幔条件下能够稳定存在的含水矿物将有助于了解地球内部水的存储深度以及与地球表面之间的水循环。应用 CALYPSO 结构预测方法提出了多种地幔条件下可以稳定存在的含水矿物，例如 2021 年马琰铭教授课题组提出的 $FeSiO_4H_2$ 和 Ca（OH）$_2$[2,3]。此外，彭枫博士通过 CALYPSO 晶体结构预测方法结合第一性原理计算，发现氙与已经发现的氧化铁 FeO_2[4]可以发生反应，形成坚固的氙铁氧化物 Xe_2FeO_2 和 $XeFe_3O_6$，氙铁氧化物被预测为地球下地幔中潜在的 Xe 宿主[5]。

地核又称铁镍核心，其物质组成以铁、镍为主，又分为内核和外核。2014 年吉林大学马琰铭教授团队利用 CALYPSO 结构预测方法，提出了全新的铁-氙化合物的结构形式[6]，首次给出了氙气和铁在地核环境下发生化学反应的证据，提出了氙气被捕捉在地核内部的可能性。随后又研究了在地核压力和温度下的铁氧化合物的稳定结构[7]。

天王星和海王星内部处于高温高压状态（>600 GPa 和 7000 K），含有大量的 H_2O（56%）、CH_4（36%）、NH_3（8%）等。2020 年马琰铭教授团队通过 CALYPSO

结构预测方法开展了氢氧体系在高压下的晶体结构搜索[8]，发现了反常化学计量配比的 H_3O 高压相，揭示了 H_3O 在冰巨行星内部温压条件下以流体导电层形式存在，这不仅为阐明天王星和海王星的异常磁场形成的物理机制提供了新思路，也为理解其他冰巨行星内部结构和演化提供了新途径。

6.1　地幔条件下的晶体结构预测

地幔是介于地表和地核之间的中间层，厚度将近 2900 千米。这是地球内部体积最大、质量最大的一层。地幔主要组分为 SiO_2（49.30%）、MgO（34.90%）、FeO（7.86%）、Al_2O_3（3.93%）和 CaO（3.17%）。它的物质组成具有过渡性：靠近地壳部分，主要是硅酸盐类的物质；靠近地核部分，则同地核的组成物质比较接近，主要是铁、镍金属氧化物。整个地幔的温度都很高，大致在 1000℃～2000℃/3000℃之间，这样高的温度足可以使岩石熔化，可能是岩浆的发源地。同时，这里的压强很大，约 50 万～150 万个大气压。

根据地球物理和矿物学的研究，在地球内部的下地幔很可能储存了大量的氦。2018 年，马琰铭教授课题组针对地球内部是否存在氦这个问题进行了探索和系统的研究，应用 CALYPSO 晶体结构预测方法并结合第一性原理，在核幔边界条件处发现了一种含有惰性元素氦的稳定的化合物 FeO_2He[1]。FeO_2He 化合物的发现确定了首个在地球内部高温高压条件下氦的存在形式，这为阐明地球深部神秘的氦储集层以及地球的演化提供了重要的物理机制和启发。

研究认为地幔条件下可以稳定存在含水矿物，确定在地幔条件下能够稳定存在的含水矿物后，可以进一步了解地球内部水的存储深度以及与地球表面水之间的循环。地球在其形成期间吸积了大量的水资源，其水量可能接近几个地球海洋（1 地球海洋等于地球表面所有海洋质量的总和）。因此，在地球内部可能存储着大量的原始水资源。通过洋壳板块俯冲作用，每年约有 10^{11} 千克量级的水被输运进地球内部，并通过岩浆作用等形式返回地表，形成水循环。因此，水在地球内部的分布和存储形式一直是人们关心的科学问题。含水矿物被认为是水输运和存储的良好载体。实验和理论对其做了广泛的研究，提出多种可能在地球内部存在的含水矿物。地球表面的水会通过板块俯冲作用进入地球内部，并储存在含水矿物之中。然而，大多数含水矿物在下地幔顶部对应的高温高压条件会发生分解，这表明只有少量的水能够到达地幔深处。结合 CALYPSO 结构预测方法提出了多种地幔条件下可以稳定存在的含水矿物，如 $Mg(OH)_2$[9]，$Ca(OH)_2$[3]，$FeSiO_4H_2$[2]。

6.1.1 下地幔条件下的含氦化合物 FeO_2He

研究表明，在地球内部的下地幔很可能储存了大量的氦。但是有关氦的来源以及其相关性质一直是未知的，因为根据氦的核外电子排布，它的化学性质非常不活泼，很难与其他的物质发生反应，含有氦的稳定化合物非常少。2018 年马琰铭教授课题组应用晶体结构预测方法结合第一性原理方法在核幔边界处发现了一种含有惰性元素氦的稳定的 FeO_2He 化合物[1]。

利用 CALYPSO 晶体结构预测方法，分别在 100 GPa、200 GPa 和 300 GPa 的条件下对 FeO_2He_x（x=0.25，0.5，0.75，1）进行了可变单元的结构预测，预测中采用 1～4 倍和 8 倍分子式，每一代中保留 60%的最低能量结构以通过粒子群优化产生下一代结构程序，同时，在对称约束内随机生成其余 40%的结构保证预测结构的多样性。经过系统的结构搜索，确定了一种新奇的含氦的 FeO_2He 化合物，通过分析该化合物在温度为 0 K，压强高于 120 GPa 时形成稳定的化合物。随着温度的升高，*Fm-3m* 相的 FeO_2He 的稳定场向更高的压力转移，在压强约为 135 GPa 温度约为 3000 K 时稳定。135 GPa 和 3000 K 为地核和地幔交界处的压强温度条件，即 FeO_2He 可能在地核地幔的交界处存在。

此含氦化合物的对称性空间群为 *Fm-3m*，是一个立方的结构（空间群号为 225，Z=4），具体的形式如图 6.1 所示。在此结构中 Fe，O 和 He 分别占据 4*b*（0.5，0，0），8*c*（0.75，0.25，0.25）和 4*a*（0，0，0）位置。在此结构中 Fe 原子占据了六面体的顶部顶点和表面，每个 Fe 原子与 8 个 O 原子配位并形成规则的六面体。在 135 GPa，FeO_2He 化合物的立方晶格参数 a=4.32 Å，其中 Fe-O 键长为～1.87 Å，O-Fe-O 角为 70.53°。

不同于 FeO_2He 化合物在零温下的稳定压强范围，随着温度的升高，*Fm-3m* 相的 FeO_2He 的稳定场向更高的压力转移，在压强为～135 GPa，温度为～3000 K 时稳定。由地学的知识可知 3000 K 和 135 GPa 为地核和地幔交界处的温压条件，即 FeO_2He 可能在地核地幔的交界处存在。此前，有报道指出 FeO_2 可以通过高温高压方法合成[4]：在压强为 92 GPa 和温度为 2050 K 的条件下，利用激光加热针铁矿

FeOOH；或者在 76 GPa 通过 Fe_2O_3 与 H_2O 的反应。在地球内部存在 Fe_2O_3 和 H_2O 证明 FeO_2 在地球内部可能存在，氦气特别是原始氦气在下地幔可能含量更多，因此，FeO_2He 有可能被地球内部存在的 FeO_2 与 He 两种物质反应形成。地核和地幔边界处的压强大约是 135 GPa，温度大约在 3000～4000 K，恰好符合 FeO_2He 稳定存在的温度和压力区间，即下地幔的氦很有可能以 FeO_2He 的形式储存。

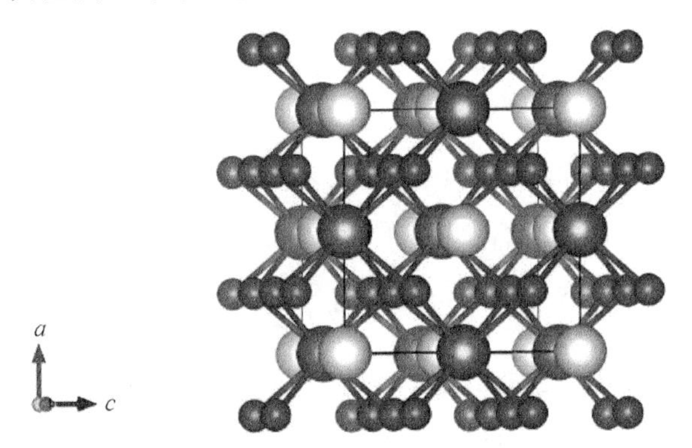

图 6.1 *Fm*-3*m*-FeO_2He 的晶体结构（扫描封底二维码可见彩图）
（此图来源于文献[1]）

6.1.2 高压下含水矿物 $FeSiO_4H_2$

水可以通过俯冲板块内的含水矿物进入地球内部，因而确定含水矿物的结构及其稳定区间对于理解地球内部水的输运过程具有重要意义。马琰铭教授课题组应用 CALYPSO 晶体结构预测方法，在 50 GPa 和 100 GPa 的压力条件下，对四元体系 $FeSiO_4H_2$ 化合物的 1～4 倍分子式进行了结构搜索。预测过程中，每一代产生 50 个结构，其中第一代结构基于对称性约束随机生成，随后几代结构中有 60%的结构是基于 PSO 算法产生，40%的结构是随机生成。发现 $FeSiO_4H_2$ 存在两个高压相，在低压下具有 $P2_1/c$ 空间群的结构能量最低，并在 35 GPa 时发生等结构相变，分别用 $P2_1/c$-*l* 和 $P2_1/c$-*h* 标记 $FeSiO_4H_2$ 的两个高压相[2]。

在所研究的压力区间内 $P2_1/c$-*l* 和 $P2_1/c$-*h* 均为反铁磁结构，$P2_1/c$-*l* 的结构如图 6.2（a）所示，Fe 和 Si 均为六配位，形成 MO_6（M=Fe，Si）八面体单元，并沿图中所示的方向交替排列，FeO_6 和 SiO_6 结构单元可以通过边共享和顶点共享连接。FeO_6 八面体的体积要明显大于 SiO_6 八面体的体积，在 20 GPa 时，Fe-O 的键长约为 2.01～2.09 Å，而 Si-O 的键长约为 1.75～1.79 Å。在 $P2_1/c$-*l* 相中，虽然氢原子

位于 MO_6 八面体单元的间隙之中，但是氢原子存在明显偏移，并没有位于其近邻两个氧原子中间位置。在 20 GPa 时，O-H 的键长约为 1.05 Å，而 O…H 氢键的键长约为 1.46 Å，O-H…O 的键角约为 173°。$P2_1/c$-*h* 相的结构如图 6.2（b）所示，Fe 和 Si 也形成 MO_6 八面体结构单元，但是 FeO_6 和 SiO_6 结构单元之间通过顶点共享相连接，而自身相同结构单元之间则通过边共享相连接。相比于 $P2_1/c$-*l* 相，$P2_1/c$-*h* 相中 Fe-O 键长波动的范围更大，在 40 GPa 时，Fe-O 的键长分布在 1.98～2.17 Å 区间，而 Si-O 键长分布在 1.71～1.76 Å 区间。在 $P2_1/c$-*h* 相中，氢原子依然没有发生氢键对称化，在 40 GPa 时，O-H 键长约为 1.06 Å，O…H 的键长约为 1.30 Å，O-H…O 之间的角度约为 170°。

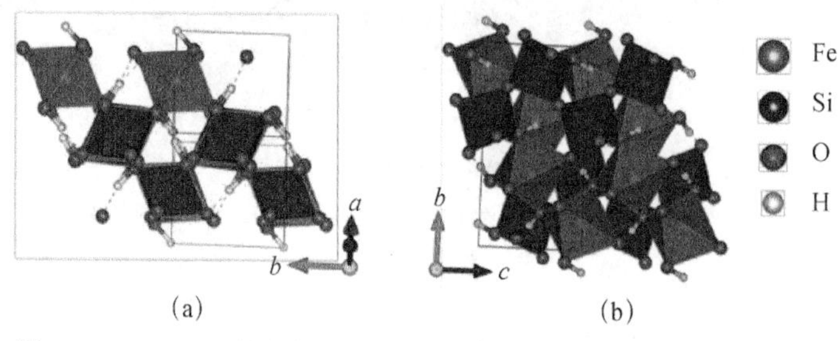

图 6.2　$FeSiO_4H_2$ 的晶体结构（a）20 GPa 条件下 $P2_1/c$-*l* 的结构，（b）40 GPa 条件下 $P2_1/c$-*h* 的结构（扫描封底二维码可见彩图）
（此图来源于文献[2]）

本工作丰富了人们对含水矿物的认知，提出了可以在俯冲板块中存在的铁硅酸盐含水矿物 $FeSiO_4H_2$，为水向地球内部输运提供了新的途径。从理论上给出 $FeSiO_4H_2$ 可以将更多的水输送到地球内部的可能性。

6.1.3　下地幔条件下可以稳定存在的含水矿物 $Ca(OH)_2$

地球表面的水会通过板块俯冲作用进入地球内部，并储存在含水矿物之中。研究含水矿物的稳定性可以为人们理解地球深处水循环和存储提供更多的信息。然而，大多数含水矿物在下地幔顶部对应的高温高压条件会发生分解，这表明只有少量的水能够到达地幔深处[10]。因此，确定在地幔条件下能够稳定存在的含水矿物将有助于了解地球内部水的存储深度以及与地球表面之间的水循环。

1997 年，实验上已经成功合成 $Ca(OH)_2$ 的两个相[11,12,13]：$Ca(OH)_2$ 常压相（相 I）为层状结构，其空间群为 *P*-3*m*1；$Ca(OH)_2$ 的第一个高压相（相 II），

其空间群为 $P2_1/c$，可以在 7 GPa 和 200℃条件下合成。这些实验工作只研究了 $Ca(OH)_2$ 在 30 GPa 以下压力区间的结构演化行为。此工作则重点研究 $Ca(OH)_2$ 在地幔地热对应的高温高压条件是否可以稳定存在。应用 CALYPSO 方法在 0 GPa，20 GPa，50 GPa，80 GPa 和 100 GPa 压力条件下预测了氢氧化钙 $Ca(OH)_2$ 的晶体结构，预测中采用 1～4 倍化学分子式。理论预测的常压相 $P\text{-}3m1$ 结构与实验合成的结构基本一致[3]。在 23 GPa 时，$Ca(OH)_2$ 发生等结构相变，从第 II 相转变成第 III 相单斜 $P2_1/c$ 相。压力高于 78 GPa 时，$Ca(OH)_2$ 将转变为能量更低的正交 *Pnma* 相（相 IV）。这两个新的高压相在下地幔条件下均可以稳定存在，表明更多的水可能被输送到下地幔深部并以 $Ca(OH)_2$ 的形式储存[3]。

第 III 相可以看成沿不同方向的 O-H…O-H 环组成，所有 O-H…O-H 环顶点上的 O 原子沿 *c* 方向呈直线分布[图 6.3（c），（d）]。在 78 GPa 时，第 III 相会相变成更致密的结构，即第 IV 相（*Pnma*）。在压力的作用下 O-H…O-H 环会发生破裂并形成 O-H…O-H 链状结构，其主链沿 *b* 轴方向分布，支链沿 *c* 轴方向分布[图 6.3（e），（f）]。O-H…O-H 链和 Ca 原子共面，位于 *ab* 平面上。这两个高压相在下地幔对应的温度和压力区间是可以稳定存在的，并且不发生分解。该研究从理论上证明了如果在地球内部存在 $Ca(OH)_2$ 含水矿物，则可能有更多的水被储存在地球内部，并以 $Ca(OH)_2$ 的形式储存起来。

6.1.4　氙铁氧化物被预测为地球下地幔中潜在的 Xe 宿主

应用 CALYPSO 晶体结构预测方法结合第一性原理计算发现：氙与已经发现的氧化铁 FeO_2 反应[4]，将形成坚固的氙铁氧化物 Xe_2FeO_2 和 $XeFe_3O_6$，在相当于地球下地幔广大区域的大范围压力温度条件下具有显著的 Xe-O 键。如果下地幔中存在与 FeO_2 压力相同的 Xe，则氙铁氧化物被预测为地球下地幔中潜在的 Xe 宿主，并可能为大气中缺失的 Xe 提供储存库。这些发现为 Xe-Fe 氧化物建立了坚实的材料基础、形成机制和地质可行性，为理解可能的深部地球 Xe 储层的氙化学和物理机制提供了基础知识[5]。

化合物 Xe_2FeO_2 具有对称性的单斜结构，空间群为 $P2_1/c$（图 6.4），由多层共角八面体组成，每个铁原子由六个 O 原子包围，Fe 原子位于一个略微扭曲的八面体中心，在 150 GPa 下，Fe-O 键长度范围为 1.79～1.82 Å。该结构中的每个 Xe 原子的配位数为 3，在 FeO_6 八面体的拐角处成键，Xe-O 键长度范围为 2.40～2.42 Å。同时，$XeFe_3O_6$ 具有对称性的三斜结构中，空间群为 $P\text{-}1$，每个原胞包含两个分子式单位，在 150 GPa 时，其共角 FeO_6 八面体主体 Fe-O 键的长度为 1.73～1.81 Å，形成管状结构，每个 Xe 原子的配位数为 6，位于 Fe-O 中，最近的 Xe-O 距离为 2.08 Å。

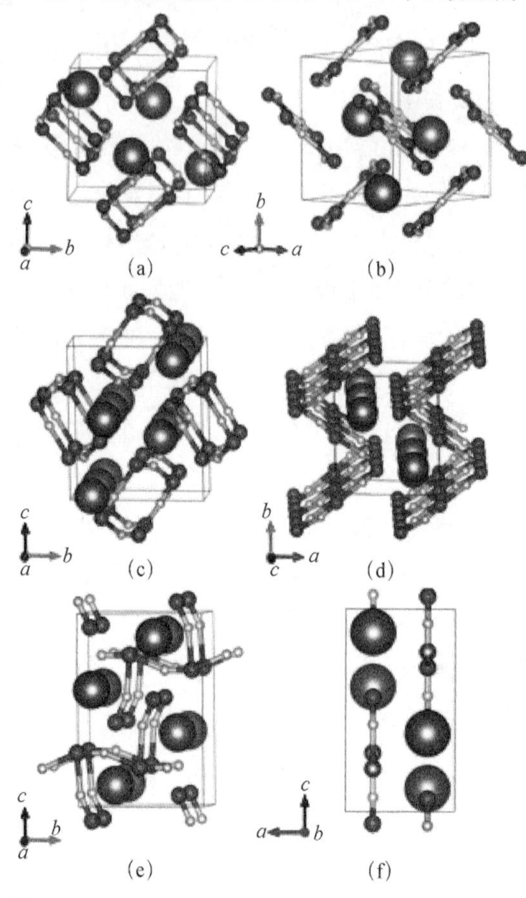

图 6.3　$Ca(OH)_2$ 的晶体结构（a），（b）第 II 相（$P2_1/c$），（c），（d）第 III 相（$P2_1/c$），（e），（f）第 IV 相（*Pnma*）（扫描封底二维码可见彩图）

（图中青色、红色和粉色的球分别代表钙子、氧原子和氢原子。此图来源于文献[3]）

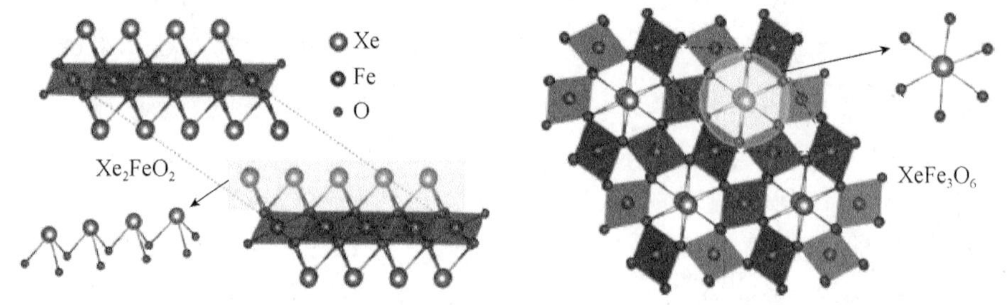

图 6.4　Xe_2FeO_2 和 $XeFe_3O_6$ 的晶体结构（扫描封底二维码可见彩图）

（此图来源于文献[5]）

本研究通过晶体结构预测方法确定了两种 Xe-Fe 氧化物，Xe_2FeO_2 和 $XeFe_3O_6$，它们是地球下地幔条件下可以稳定存在的含 Xe 化合物，并证实 Xe_2FeO_2 在地质环境中的存在的可能性。这些结果证明在地球内核中存在一个独特的深部 Xe 储层，其范围超过了之前提出的 Xe-Fe 和 Xe-Ni 金属间化合物[6]，从而大大扩大了深部地球中含 Xe 化合物的范围。Xe-Fe 氧化物可能会丰富对重要地球物理和地球化学过程的理解，例如核幔边界附近的地震异常，以及地球下地幔内可能出现的新化学反应。

6.2　地核条件下的晶体结构预测

地核占有整个地球 32%的质量和 16%的体积，是地球的重要组成部分。地核处在一个高温高压的状态——超过 136 GPa 的压力和 4000 K 的温度。地核分为流体的外地核和固体的内地核，而内地核的压力和温度则分别超过了 330 GPa 和 6000 K[14,15]。

氙气是否会储存在占据地球总质量三分之一的地核内部一直备受关注。1997 年《科学》期刊发表了理论和实验合作论文，否定了氙气和铁发生反应的可能性[16]。研究工作发表后的 17 年间，学界据此公认氙气不可能储存在地核内部。吉林大学马琰铭教授课题组利用。晶体结构预测方法提出了全新的铁-氙化合物的结构形式，首次给出了氙气和铁在地核环境下发生化学反应的证据，提出了氙气被捕捉在地核内部的可能性[6]。此外，利用 CALYPSO 方法研究了在地核压力和温度下的铁氧化合物的稳定结构[7]。

6.2.1　高压下 Xe-Fe 的化学反应与氙气消失之谜

氙气做为惰性气体家族中的一员，在工业上广泛应用于电子、电光源等设备，比如汽车上常用的氙气大灯。但是自然界的氙气在大气层中几乎绝迹，与氩气和氪气等其他惰性气体相比，大气层中 90%以上的氙气都不知所踪，这在科学上被称为“氙气的消失之谜”。

常压条件下，氙气是典型的惰性气体，难以和其他元素反应形成化合物，而铁容易氧化失去电子，一般是带正电的还原剂。令人意想不到的是，高压下氙气不仅和铁发生了反应，而且电子从氙原子转移到了铁原子上，从而使铁成为了罕见的带负电的氧化剂。这种高压下非常规的电子转移现象，诱导了氙气与铁之间的化学反应。利用 CALYPSO 晶体结构预测方法研究了氙气和铁/镍的化学反应，首次从理论上预测氙气可以与铁/镍在地核的压力温度条件下发生化学反应，并形成一系列稳定的化合物，其中 $XeFe_3$ 和 $XeNi_3$ 能量最为稳定。研究结果表明，$XeFe_3$ 和 $XeNi_3$ 可以稳定存在与地核的压力和温度条件下，地核满足氙气藏身的必要条件，很可能为“氙气消失之谜”提供了答案[6]。

此研究在 150 GPa，250 GPa 和 350 GPa 的压力下，对 $XeFe_x$（x=0.5，1～6）进行了结构搜索；在 100 GPa，200 GPa 和 350 GPa 的压力下对 $XeNi_x$（x=0.6，1～6）进行了晶体结构搜索。所有的结构预测都考虑了 1～4 倍分子式。在 CALYPSO 结构预测中，每一代产生 40 个结构，其中第一代结构完全由对称性限制的随机产生。从第二代开始，选取能量最低的 60%的结构做局域 PSO 结构演化，剩下的 40%结构则由随机产生来补充。在 CALYPSO 演化过程中权重因子是动态变化的，线性的从 0.9 减到 0.4。PSO 的速度变化幅度控制在[−0.2，0.2]区间之内。局域优化中电子自洽的能量收敛精度为 1×10^{-5} eV/tf.u.

研究发现，在 250 GPa 和 350 GPa 的压力下，$XeFe_3$ 会形成一个立方的 Cu_3Au 结构，空间群为 *Pm*-3*m*，每一个单胞 1 个分子式，图 6.5 在 Cu_3Au 类型的 $XeFe_3$ 中，每个 Fe 原子有 4 个最近邻的 Xe 原子和 8 个最近邻的 Fe 原子，而每个 Xe 原子则和 12 个最近邻的 Fe 原子形成了一个 $XeFe_{12}$ 截角立方体，这是一个十四面体。

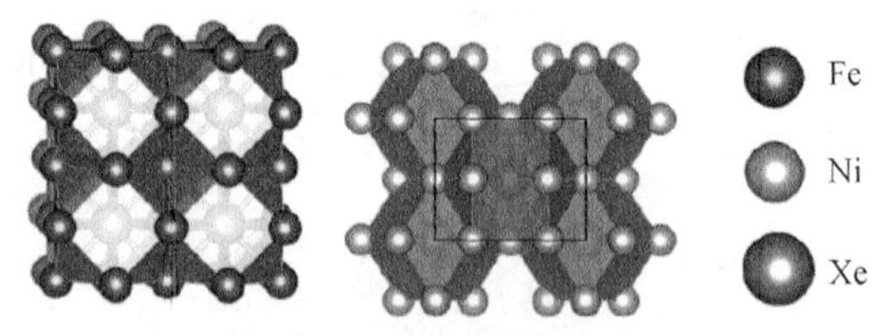

图 6.5　$XeFe_3$ 结构图和 $XeNi_3$ 的晶体结构（扫描封底二维码可见彩图）
（此图来源于文献[6]）

该研究发现 $XeFe_3$ 和 $XeNi_3$ 最稳定的结构与 Fe 和 Ni 在内地核条件下的稳定结构完全不同。在内地核的条件下，Fe 的结构为六角密排结构，Ni 的结构为面心立方结构。但是 $XeFe_3$ 的结构是基于面心立方结构，而 $XeNi_3$ 的结构却是基于六角密排结构。这也就解释了为什么在此之前研究人员基于 Fe 的结构构造 Xe-Fe 化合物的尝试都失败了。而此工作之所以能成功的预测 Xe-Fe/Ni 的稳定化合物，是因为基于了完全无偏的结构搜索技术。$XeFe_3$ 和 $XeNi_3$ 可以稳定存在与地核的压力和温度条件下，所以地核成为了氙气的理想藏身之所。同时使用 CALYPSO 方法寻找了 Ar-Fe/Ni 和 Kr-Fe/Ni 系统的可能稳定化合物。但是在 400 GPa 以下的压力没有发现任何其稳定存在的化合物，所以 Ar 和 Kr 是没有可能存在于地核之中，它们只能挥发到大气层里面。值得注意的是，Xe 的原子量（131.293g/mol）比 Fe 的原子量（55.845g/mol）要大，所以理论上 Xe 存在于地核之中会增加地核的密度。但是在大气层中所有消失的氙气的质量仅仅在 10^{13}kg 的量级，大概比内地核的质量小 10 个量级左右（地核质量为 9.67×10^{22}kg）。因此，即便所有的氙气存在与地核中，也不会对内地核的密度造成影响[6]。

6.2.2　地球内核的构造探索——新型铁氧化合物

位于地球表面 5100km 以下的内地核是地球的重要组成部分。然而内地核的物质构成，到目前为止仍然不确定[17]。科学家普遍认为在地核中的主要成分是铁和镍，还存在 10 %左右的轻质元素[17,18]。在地核内的轻质元素里面，元素氧被认为是存在于地核中最有可能的轻质元素之一，并在地核内与铁形成铁氧化合物。马琰铭教授课题组使用 CALYPSO 结构预测方法，研究了在地核压力和温度下的铁氧化合物的稳定结构，发现在富铁区域化合物 Fe_3O 比 FeO 在能量上更加稳定，而对于富氧区域，则发现了含氧量最高的稳定化合物 FeO_2[7]。

在本工作中，分别在 50 GPa，150 GPa，250 GPa 和 350 GPa 的压力下对 Fe_4O，Fe_3O，Fe_2O，FeO，FeO_2，FeO_3 和 FeO_4 进行了结构搜索，所有的结构预测都考虑了 1～4 倍分子式。每一代产生 40 个结构，其中第一代结构完全由对称性限制的随机产生，从第二代开始，选取能量最低的 60%的结构做局域 PSO 结构演化，剩下的 40%结构则由随机产生来补充。在 CALYPSO 演化过程中权重因子是动态变化的，线性的从 0.9 减到 0.4。PSO 的速度变化幅度控制在[−0.2，0.2]区间之内。

基于结构预测结果，发现压力在 250 GPa 以上，Fe_2O 会形成一个体心四方结构，空间群为 *I4/mmm*，每个单胞包含 2 个分子式，如图 6.6（a）所示。在这个四方 Fe_2O 中，每个氧原子有 8 个最近邻的铁原子与之相配位，形成了 OFe_8 立方体。在 Fe_2O 中，结构呈层状排列。而 Fe_3O 则为一个六角对称性的结构，空间群为

$P\text{-}6m2$，每个单胞包含 1 个分子式，晶体结构如图 6.6（b）所示。与 Fe_2O 类似，Fe_3O 也是呈层状排列，并且其基本组成单元也包含 OFe_8 多面体。但是与 Fe_2O 所不同的是，在 Fe_3O 中，每两层的 OFe_8 多面体中间穿插着一层孤立的铁原子。

在富铁区域，化合物 Fe_3O 比 FeO 在能量上更加稳定，在富氧区域，发现能量唯一稳定的结构就是 FeO_2。与富铁区域稳定的晶体结构所不同的是，FeO_2 并不是一个层状的结构，而是一个三维的立方结构。其空间群为 $Pa3$，每个单胞包含 4 个分子式，晶体结构如图 6.6 所示。可以看出 FeO_2 的基本组成单元为 FeO_6 八面体。每个氧原子链接 3 个 FeO_6 八面体。

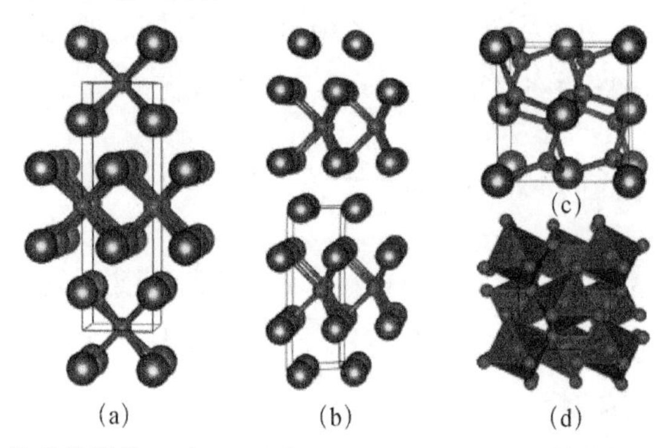

图 6.6　Fe-O 化合物的晶体结构（a）—（c）Fe_2O，Fe_3O，FeO_2 的从侧面观看的晶体结构示意图（d）多面体表示的 FeO_2 晶体结构示意图（扫描封底二维码可见彩图）

（此图来源于文献[7]）

本工作研究了在地核压力和温度下的铁氧化合物的稳定结构，分别在富铁和富氧区域搜索了铁氧化合物在高压下的晶体结构。研究结果表明在地核的压力和温度条件下，铁氧化合物的存在形式并不是传统上认为的 FeO。这个结果会对人们在地核结构的认识上提供重要理论依据。而对于富氧区域，则发现了含氧量最高的稳定化合物为 FeO_2，而不是常见的 Fe_2O_3。过渡族氧化物是材料科学的重要研究方向之一，研究结果可能会为过渡族氧化物材料领域的研究提供一些理论储备。

6.3　冰系行星地幔区域冰、氨和甲烷的混合物

天文学中，通常将质量为地球质量 10 倍及以上的大行星统称为巨行星。太阳系内有 4 个巨行星：木星、土星、天王星和海王星。按照组成成分的不同，巨行

星又进一步分为气态巨行星和冰巨星。其中气态巨行星主要成分为 H 和 He，比如木星和土星。冰巨星的主要成分为 O、C、N 和 S 等元素，比如天王星和海王星。“冰”来源于天文学中的定义：凝固点约大于 100 K、有挥发性的化合物，比如 H_2O、NH_3 和 CH_4，它们的凝固点分别为 273 K、195 K 和 91 K。

1980 年，W.B.Hubbard 等人提出了天王星和海王星的 3 层结构模型。其中，最外层为气体层，主要成分是 H 和 He。中间层为“冰层”，主要成分为 H_2O、CH_4 和 NH_3。最内层为核层，主要成分为铁硅酸盐和镁硅酸盐。其中中间层“冰层”包含 56%的 H_2O，36%的 CH_4 和 8%的 NH_3（摩尔百分比），压力范围是 20 到 600 GPa，温度范围从 2000 到 7000 K，如图 6.7 所示。测量发现：两冰巨行星不仅拥有多级磁场，而且磁偏角偏大，解释该磁场的关键因素之一就是冰巨行星内部导电层的物质结构[19,20]。

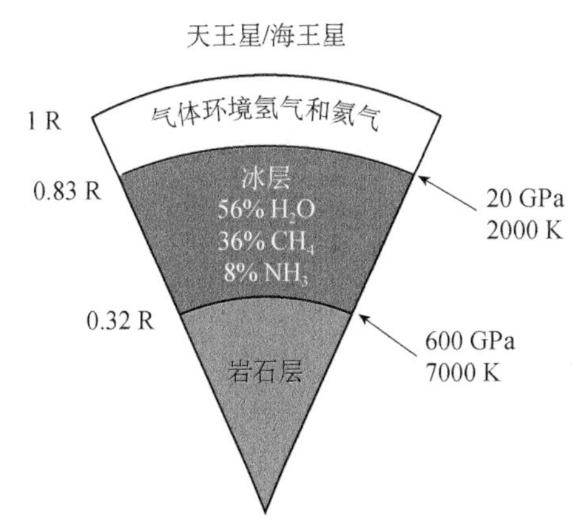

图 6.7　天王星和海王星内部结构、成分、压力温度条件和半径关系的示意图

基于以上分析，提出 H_2O 在高压富氢环境下可能生成了新奇的氢氧化合物。2020 年马琰铭教授团队应用自主开发的 CALYPSO 结构预测软件开展了氢氧体系在高压下的晶体结构搜索，发现了反常化学计量配比 H_3O 高压相，揭示了 H_3O 在冰巨行星内部温压条件下以流体导电层形式存在[8]。

采用 CALYPSO 结构搜索方法，对 H_2-H_2O 混合物在天王星和海王星内部压力条件下可能的新结构进行了结构搜索，选取比例为 1：1，1：2，1：3，1：4，2：1，2：3，3：1，3：2，3：4，4：1 和 4：3 的 H：O，在 400 GPa 和 600 GPa 进行了大量结构预测，预测的原胞大小达到了 8 倍分子式。为了构建焓图，该研究选取的 H_2O 在 400 GPa 和 600 GPa 的结构为水的 XI 相（空间群为 *Pbcm*），对于氢，在 400 GPa 选取的是分子相结构（*Cmca*-4），在 600 GPa 选取的是原子相结构（空间群为 *I*41/*amd*）。

研究发现的 H_3O 结构（空间群 *Cmca*）的单胞包含 64 个原子，其氢–氧共价网络的氢氧比为 2∶1，空隙中剩余的氢以 H_2 二聚体的形式存在。如图 6.8 所示，这个 H_3O 结构的单胞包含 4 个基本结构单元，具有 6 种不同的键长和 3 种不同的键角，相邻的两个结构单元互相嵌套。该结构包含不寻常的 H_2 二聚体，在 500 GPa 时，二聚体内部的最近邻 H-H 键长为 0.65 Å，明显短于常压下的氢分子的距离（0.74 Å）。每个基本单元内部有 2 个 H_2 二聚体，它们之间 H-H 的最短的距离为 1.09 Å，

500 GPa 时的晶格常数为 a=3.35 Å、b=5.84 Å 和 c=5.80 Å。O 有两种不等价的原子占位，H 有四个：O1：8*f*（0.00，0.16，0.00），O2：8*f*（0.50，0.49，0.34），H1：8*f*（0.00，0.33，0.07），H2：8*f*（0.00，0.43，0.34），H3：16*g*（0.76，0.09，0.09），H4：16*g*（0.33，0.24，0.23）。基本单元中标记为 1 到 6 的六个不同键的长度分别为 1.16、1.02、1.08、1.06、1.06 和 1.10 Å，三个键角分别为 174.6°、174.7°和 171.3°。其中，对于 O-H 共价网络，O 原子为 4 配位，每个 O 原子与 4 个氢原子成共价键。H 原子处于两个 O 原子大约中间的位置，表现为近似的 H 键对称化（H 键对称化指的是 H 原子与 2 个 O 原子成键，且位于 2 个 O 原子的中心连线上）。

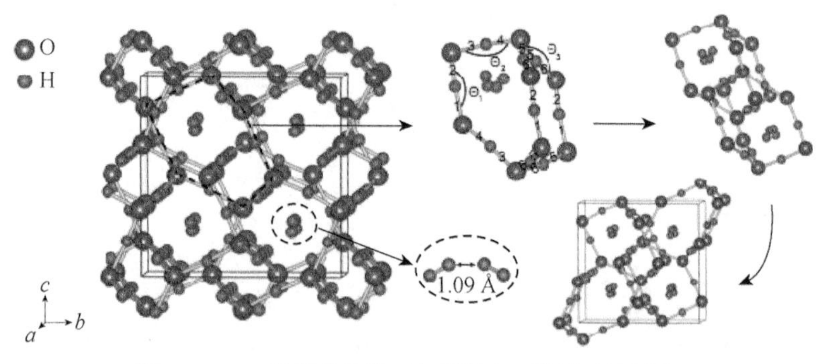

图 6.8　H_3O 的晶体结构（扫描封底二维码可见彩图）
（此图来源于文献[8]）

研究表明 H_3O 结构在 450 GPa 以上是稳定的，这一研究结果对于理解天王星和海王星内部的化合物成分具有重要意义。H_3O 这一化合物具有类笼型的结构，O-H 组成了 H_3O 结构的共价网络在间隙处存在有 H_2 二聚体。揭示了 H_3O 在冰巨行星内部温压条件下以流体导电层形式存在，这不仅为阐明天王星和海王星的异常磁场形成的物理机制提供了新思路，也为理解其他冰巨行星内部结构和演化提

供了新途径。

参 考 文 献

[1]Zhang J R，Lv J，Li H F，et al. Rare helium-bearing compound FeO_2He stabilized at deep-earth conditions[J]. Physical Review Letters，2018，121（25）：1-6.

[2]绍森. 高压下冰及含水矿物结构的第一性原理研究[D]. 吉林大学，2021.

[3]Shao S，Bi J K，Gao P Y，et al. Stability of Ca（OH）$_2$ at Earth's deep lower mantleconditions[J]. Physical Review B，2021，104（1）：014107（7）.

[4]Hu Q Y，K D Y，Yang W，et al. FeO_2 and FeOOH under deep lower-mantle conditions and Earth's oxygen-hydrogen cycles[J]. Nature，2016，534：241-244.

[5]Peng F，Song X Q，Liu C，et al. Xenon iron oxides predicted as potential Xe hosts in Earth's lower mantle[J]. Nature Communications，2020，11（1）：5227.

[6]Zhu L，Liu H Y，Pickard C J，et al. Reactions of xenon with iron and nickel are predicted in the Earth's inner core[J]. Nature Chemistry，2014，6（7）：644-648.

[7]朱黎. CALYPSO 结构预测方法在高压材料和行星科学中的几个典型应用[D].吉林大学，2014.

[8]Huang P H，Liu H Y，Lv J，et al. Stability of H_3O at extreme conditions and implications for the magnetic fields of Uranus and Neptune[J]. Proceedings of the National Academy of Sciences，2020，117（11）：5638-5643.

[9]Hermann A，Mookherjee M. High-pressure phase of brucite stable at earth's mantle transition zone and lower mantle conditions[J]. Proceedings of the National Academy of Sciences，2016，113（49）：13971-13976.

[10]Rubie D C，Jacobson S A，Morbidelli A，et al. Accretion and differentiation of the terrestrial planets with implications for the compositions of early-formed solarsystem bodies and accretion of water[J]. Icarus，Elsevier Inc，2015，248：89-108.

[11]Kunz M，Leinenweber K，Parise J B，et al. The baddeleyite-type high pressure phase of Ca（OH）$_2$[J]. Int. J. High Pressure Research，1996，14（4-6）：311-319.

[12]Leinenweber K，Partin D E，Schuelke U，et al. The structure of high pressure Ca（OD）$_2$-II from powder neutron diffraction：Relationship to the ZrO_2 and EuI_2 structures[J]. Journalof Solid State Chemistry，1997，132（2）：267-273.

[13]Ekbundit S，Leinenweber K，Yarger J L，et al. New high-pressure phase and pressure-induced

amorphization of Ca（OH）$_2$：Grain size effect[J]. Journalof Solid State Chemistry，1996，126（2）：300-307.

[14]Hirose K，Labrosse S，Hernlund J. Composition and state of the core[J].Annual Review of Earth and Planetary Sciences，2013，41（1）：657-691.

[15]Fel Y. Melting Earth's core[J]. Science，2013，340（6131）：442-443.

[16]Caldwell W A，Nguyen J H，Pfrommer B G，et al. Structure，bonding，and geochemistry of xenon at high pressures[J]. Science，1997，277（5328）：930-933.

[17]Hirose K，Labrosse S，Hernlund J. Composition and state of the core[J].Annual Review of Earth and Planetary Sciences，2013，41（1）：657-691.

[18]Stixrude L，Wasserman E，Cohen R E. Composition and temperature of Earth's inner core[J]. Journal of Geophysical Research，1997，102（B）：24729-24739.

[19]Hubbard W，Podolak M，Stevenson D. The interior of neptune[J]. Neptune and Triton，1995，109.

[20]Hubbard W B，Macfarlane J J. Structure and evolution of Uranus and Neptune [J]. J Geophys Res-Solid Earth，1980，85（B1）：225-234.

后 记

物理学是自然科学和技术应用的基础，推动了人类社会的发展，改变着世界的面貌。回想自两千年前的墨家开始，中国古代学者对物理现象和自然规律的不断探究，也随着希腊三杰的哲学启迪，直至中世纪欧洲文艺复习运动的兴起，物理学家一直坚守不畏封建神权压迫，始终秉承追求科学真相精神，历经一代又一代物理人不懈的努力，最终让物理之光照亮了人类社会，物理精神滋润各个学科。物理学的技术成果不断转化成生产力，不仅为我们创造了越来越多的物质财富，更是培养了我们尊重客观规律的科学态度、敢于创新的科学精神和实验探究与理论分析相结合的科学方法。

伴随着物理学的发展，人类对于物质世界的认识逐渐深入到了微观层次，希望从微观角度来认识物质结构和改造物质性质和功能。材料的微观结构决定了材料的力学性质、热学性质、电学性质、磁学性质等物理和化学属性，是理解和设计各种特殊功能材料的基础。确定晶体结构最直接的方法就是通过实验手段直接对物质进行探测，但是在大部分情况下，直接通过实验手段确定物质结构还是非常具有挑战性的。实验探索物质结构会受限于样品的纯度、衍射光源的强度以及试验样品和设备的成本等因素。不但如此，通过实验手段在一些极端环境下研究物质微观结构的演化行为还很难达到。随着不依赖任何经验参数的第一性原理理论计算方法的迅速发展，理论结构方法为设计新型功能材料奠定了坚实的基础。理论结构预测方法的发展及应用，在物质结构探索和新型功能材料设计等领域逐渐显现出重要作用，为人们认识物质世界打开了的另一扇大门！

随着结构预测方法迅速发展，科研人员不断将各种算法应用到物质结构预测方法中，不同方法对物质势能面全局探索的策略也不尽相同且各具特色。通过晶体结构预测方法，人们可以在只给定化学组分和外界压力的条件下对单质、化合物和分子晶体等多种类型的晶体材料进行结构预测。晶体结构预测方法被广泛应用于结构现象丰富的研究领域，如高压结构相变、功能材料的设计（如超导、超硬、热电、能源材料等）以及大分子和大尺度材料体系的结构确定。它们在物质结构的研究中发挥了重要作用，解决了大量科学难题。

近年来，以人工智能为基础的机器学习方法作为探索新材料的途径，在计算物理领域中的关注日益增加并且展现出巨大的潜力，如超硬、超导、储能和光电材料等方向的设计和应用方面。机器学习不仅有优异的计算速度和良好的泛化能力，还能有效地处理一些难以运用于传统实验及模拟计算方法解决的体系和问题，在新材料的合成设计、性能预测、材料微观结构深入表征以及改进材料计算模拟方法等方面都有着出色的表现。

随着计算模拟手段的不断完善和发展，相信它会越来越强大，也期待更多的同行们加入到计算物理的队伍中来，共同探索支配世界的内在规律、追求宇宙的运行本源！

超硬材料，国防利器；

超导材料，能源涉及；

储能材料，遍布天地；

光电材料，万科归一。

希望与君共勉，远离傲慢与偏见，时刻站在科研的最前线，学习和感触物理最前沿的知识，认识客观的自然规律，建立合理的知识体系，始终秉承着脚踏实地和仰望天空的科学精神，希望为追求中国科学梦而一直坚守和奋斗。